全国高等职业教育资源开发类专业"十三五"规划教材

高等职业教育应用型人才培养规划教材

野外地质工作技能教程

主 编 张 昱 马叶情

黄河水利出版社

·郑 州·

内 容 提 要

本书是全国高等职业教育资源开发类专业"十三五"规划教材,是根据高职高专资源开发类专业教学的特点,精选内容、突出重点、理论联系实际,以宽基础、重实践、引思考、便于教学为原则进行编写的。在内容上精心选择典型工作任务,主要包括罗盘的使用、GPS 的使用、地形图的识别、三大岩野外的观察及调查要点、区域矿产调查基本方法、野外记录资料整理及样品采集工作要求和天水地区地质认识实习指导等内容。

本书可作为高职高专资源开发类专业的教材,也可供从事地质行业的工作人员参考学习。

图书在版编目(CIP)数据

野外地质工作技能教程/张昱,马叶情主编 . —郑州:
黄河水利出版社,2016.7
ISBN 978 – 7 – 5509 – 1208 – 3

Ⅰ. ①野…　Ⅱ. ①张…　②马…　Ⅲ. ①地质调查 –
野外作业 – 教材　Ⅳ. ①P622.

中国版本图书馆 CIP 数据核字(2015)第 207308 号

策划编辑:陶金志　　　　　电话:0371 – 66025273　　　QQ:838739632

出 版 社:黄河水利出版社
地址:河南省郑州市顺河路黄委会综合楼 14 层　　　邮政编码:450003
发行单位:黄河水利出版社
发行部电话:0371 – 66026940、66020550、66028024、66022620(传真)
E-mail:hhslcbs@ 126. com
承印单位:河南承创印务有限公司
开本:787 mm × 1 092 mm　1/16
印张:6. 25
字数:145 千字　　　　　　　　　　　　　　　印数:1—1 000
版次:2016 年 7 月第 1 版　　　　　　　　　　印次:2016 年 7 月第 1 次印刷

定价:18. 00 元

前　言

　　随着我国经济发展新常态所带来的市场对人才类型、人才需求量的变化,标志着我国人才教育的内外环境已到重大调整阶段。准确把握调整中的新机遇、认识与适应新调整,就需要对原有的课程体系和教学内容做出较大改变,为了适应高等职业教育的培养目标,我们编写了此书。

　　本教材是根据高等职业教育资源开发类专业教学大纲和教育部《关于加强高职高专教育教材建设的若干意见》的有关精神,本着"实用为主、必须够用为度"的原则,在总结多年的教学经验和行业试验经验的基础上,充分挖掘资源开发类专业野外项目的工作实际,把理论与实践有机融合到一起,强化实践技能的提高,具有实用性和可操作性。本书主要有以下特色。

　　(1)突出先进性和实用性。本书以行业国家标准为依据,结合地质勘查项目实际编写,实用性强,编写时注重吸纳行业单位的项目开展标准和项目成果。

　　(2)注重技术应用能力的培养。本书花了大量篇幅介绍了野外岩石鉴定理论、方法和具体操作流程,目的就是要培养学生的操作技能。

　　(3)基本理论适度。本书考虑高职教育的特点,内容阐述仅限于学生掌握技能的需要,运用形象化的语言使较难的理论知识易于被学生认识和掌握。

　　本书由甘肃工业职业技术学院张昱、马叶情主编并统稿。具体编写分工如下:本书第一章、第二章、第三章、第九章、第十章由张昱编写,第四章、第五章、第六章、第七章、第八章、第十一章由马叶情编写;附录部分由张昱、马叶情共同编写,甘肃工业职业技术学院王敏龙、徐汉南、刘青宪、孙兰英担任本书主审。

　　由于编者的学识与水平有限,编写时间紧,难免有疏漏和欠妥之处,敬请广大读者批评指正。

编　者

2015 年 10 月

目　录

第一章　地质罗盘的使用

学习目标

　　地质罗盘(简称罗盘)是地质工作者进行野外地质工作必不可少的工具,被称为地质工作"三件宝"之一。借助它可以测量方位、地形坡度、地层产状,通过本章学习掌握地质罗盘的基本构成以及地质罗盘的使用方法。

技能目标

　　借助地质罗盘可以定出方向,观察点的所在位置,测出任何一个观察面的空间位置(如岩层层面、褶皱轴面、断层面、节理面等构造面的空间位置),以及测定火成岩的各种构造要素,矿体的产状等。

　　地质罗盘用途广泛,借助它可以确定方位、测量地形坡度、测量各种面状要素(如岩层层面、褶皱轴面、断层面、节理面)和线状要素(如褶皱枢纽、线理、断层擦痕等)的产状等,以确定各种构造面和构造线的空间位置,是进行野外地质工作的必备工具。因此,必须学会使用地质罗盘。

第一节　认识地质罗盘

　　地质罗盘式样很多,但结构大同小异,主要功能也都相同。其结构如图 1-1 所示。

　　磁针——由于我国位于北半球,磁针两端所受磁力不相等,磁针失去平衡。为了使磁针保持平衡,常在磁针南端绕上几圈铜丝,用此法也便于区分磁针的南北两端。

　　刻度环——分内(下)和外(上)两圈,内圈为垂直刻度盘,专作测量倾角和坡度角之用,以中心位置为0°,分别向两侧每隔10°一记,直至90°。外圈为水平刻度盘,其刻度方式有两种,即方位角和象限角,随不同罗盘而异,方位角刻度盘是从0°开始,逆时针方向每隔10°一记,直至360°。在0°和180°处分别标注 N 和 S(表示北和南);90°和270°处分别标注 E 和 W(表示东和西)。象限角刻度盘与它的不同之处是 S、N 两端均记作0°,E 和 W 处均记作90°,即刻度盘上分成0°～90°的四个象限。利用它可以直接测得地

短照准合页
长照准合页

刻度环
角度刻度环
长水准器
磁针
圆水准器
固定器

椭圆孔

反光镜

小照准合页

图 1-1　罗盘结构

面两点间直线的磁方位角见表1-1。

角度刻度环——专门用来读倾角和坡角指数。

水准器——通常有两个,分别装在圆形玻璃管中,圆水准器固定在底盘上,长水准器固定在测斜仪上。

表 1-1　象限角与方位角之间关系换算

象限	方位角读数	象限角(γ)与方位角(A)的关系	象限名称
I	0°~90°	$\gamma = A$	NE 象限
II	90°~180°	$\gamma = 180° - A$	SE 象限
III	180°~270°	$\gamma = A - 180°$	SW 象限
IV	270°~360°	$\gamma = 360° - A$	NW 象限

第二节　罗盘方位与校正

方位是指在水平面内,一点(未知点)在另一点(已知点)的方向。方位规定正北方向为0°,正东方向为90°,正南方向为180°,正西方向为270°,在水平面内顺时针方向旋转一圈为360°。若方位角为60°,即为北东方向,通常可直接写为60°。若方位角为210°,即为南西方向,可直接写为210°。有时也用象限角表示,即用北、南两个基准,分为北东、北西、南东、南西四个象限。若方位角为60°,用象限角表示为N60°E;若方位角为210°,用象限角表示为S210°W。欲知此方位,必须有一个参照点或参照方向,也即基准点或基准方向。方位角是在水平面内测出由已知点向未知点的连线方向与基准方向的夹角。

基准方向有两种:一种是真北方向,即地北极方向,也叫真子午线方向;另一种是磁北方向,即地球的磁北极方向,也叫磁子午线方向。地球的南北极与地球磁场的南北极并不重合。通常出于习惯和方便使用考虑,基准方向一般采用真北方向。

罗盘出厂时,其0°刻度一般在长照准合页的方向。而罗盘的指针为磁针,其总是指向磁南北方向。当将罗盘顺时针方向旋转时(与方位角的计量方向一致),磁针却相对逆时针方向旋转,因此必须将罗盘刻度环刻划数值按逆时针方向标记。

一般情况下,地球上某点的磁子午线并不与真子午线重合,磁北方向偏离真北方向的角度叫作磁偏角,一般以i表示。如果磁北方向在真北方向以东,叫作东偏,规定为正角;如果磁北方向在真北方向以西,叫作西偏,规定为负角,见图1-2。

当罗盘长照准合页指向磁北方向时,磁针指向0°,这时罗盘测量的是磁方位角。当罗盘长照准合页指向真北方向时,磁针仍指向磁南北方向,并不指向0°,罗盘测量的仍是磁方位角,必须利用关系式:$\alpha = \alpha_m \pm i$(α为真方位角,α_m为磁方位角,i为磁偏角)进行换算,才能得

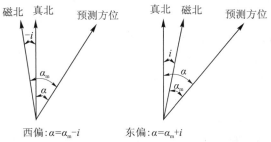

西偏:$\alpha = \alpha_m - i$　　　东偏:$\alpha = \alpha_m + i$

i—磁偏角;α—真方位角;α_m—磁方位角

图 1-2　磁偏角及其校正示意图

到真北的0°方位角。以此类推,其他方位的测量也要经过如此换算。因此,若要快速获得真方位角,必须进行罗盘校正。罗盘校正的方法是东偏多少度,则将刻度环顺时针旋转多少度;西偏多少度,则将刻度环逆时针旋转多少度。若东偏5°,则将5°刻划线调至对准罗盘北端标记线即可。校正前,0°位于照准点或长照准合页中心线的位置;校正后,0°已调离照准点或长照准合页中心线的位置。如北京地区西偏5°50′,则将355°10′刻划线调至对准北端标记线即可。经磁偏角校正后的罗盘(见图1-3)可直接用于测量方位角。

图1-3 罗盘校正后

第三节 地质罗盘用途

一、测量方位

对于观测者而言,方位有两个,一是观测点(未知点)相对于某一点(已知点)的方位,另一个是某一点(未知点)相对于观测者点(已知点)的方位,二者相差180°。

当被测目标高于观测者时,观测者可将长照准合页指向目标,并略向上抬起,保持罗盘底盘水平(圆水准器水泡居中);将反光镜向上抬起,使目标通过长照准合页中心线投影到反光镜中心线上,如图1-4(a)所示。磁北针所指的刻度总是长照准合页所指的方位,这时应为目标点相对于观测者的方位;磁南针所指的刻度总是反光镜所指的方位,这时应为观测者相对于目标点的方位。

当被测目标低于观测者时,观测者可将长照准合页指向自己,并略向上抬起,保持罗盘底座水平,将反光镜抬起,使观察者在反光镜内亦可看到刻度环。从短照准合页的中孔,通过椭圆孔,看到远方目标的方位,如图1-4(b)所示,这时磁北针所指的刻度即为观测者相对于目标点的方位,磁南针所指的刻度即为目标点相对于观测者的方位。

（a）

1.保持罗盘底座水平。
2.使目标通过长照准合页落在反光镜的中心线上。
3.当测量目标所在方位时,读罗盘北针;当测量观察者方位时,读罗盘南针。

（b）

1.保持罗盘底座水平。
2.通过短照准合页上的小孔和罗盘反光镜椭圆观察远方目标。
3.当测量目标所在方位时,读罗盘南针;当测量观察者方位时,读罗盘北针。

图1-4 测量方位示意图

二、测量面状要素产状

面状要素产状可用走向、倾向和倾角三要素表示,如图1-5所示。

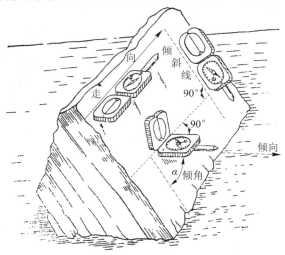

图1-5 面状要素的产状三要素

走向:岩层在空间的水平延伸方向。岩层面与水平面的交线称为走向线。走向线与地理子午线间所夹的方位角就是走向方位角。岩层的走向用走向方位角表示。同一岩层的走向有两个值,其数值相差180°。

倾向:岩层倾斜的方向。垂直于走向线、沿层面倾斜向下所引的直线称为倾斜线。倾斜线在水平面上的投影线所指的方向称为倾向。倾向一般用方位角表示,数值与走向相差90°。

倾角:岩层层面与水平面所夹的锐角称为岩层的倾角,岩层倾角表示岩层倾斜角度的大小。

(1)测量岩层走向时,可选择一代表性的面,将罗盘长边(侧边)平行于走向线并紧贴于面上,使罗盘水平,此时磁南针两端的指数都为走向方位角。

测量要点:将罗盘侧边紧贴于待测面上,保持罗盘底座水平,此时罗盘磁北针和磁南针指数均是待测面走向。

(2)测量倾向时,可将罗盘盖(带反光镜一侧)紧贴于待测面上,并使罗盘水平。长照准合页即指向岩层倾向的方向,这时罗盘的磁北针所指的刻度即为待测面的倾向。个别情况下,罗盘在待测面底面测量时,反光镜一侧指向倾向方向,此时磁南针所指的刻度为待测面的倾向。

测量要点:将罗盘反光镜边紧贴于待测面上,保持罗盘底座水平,此时罗盘磁北针指数是待测面倾向。

(3)测量倾角时,将罗盘长边平行于真倾斜线(倾角最大方向)并紧贴于待测面上,保持罗盘直立,转动长水准器使水泡居中,此时倾斜刻度盘上的读数即为倾角。

测量要点:将罗盘侧面紧贴于待测面上,长水准器朝下;使罗盘底座直立,即平行于真倾斜线;转动长水准器使其水泡居中,此时角度刻度盘上的刻度即为倾角。

三、测量线状要素产状

诸如矿物生长线理、皱纹线理、交面线理、石"香肠"构造、窗棂构造、杆状构造、擦痕、褶皱枢纽以及岩浆岩体中的线状流动构造(流线)皆可视为线状构造,线状构造要素的产状通常用倾伏向和倾伏角表示,如图1-6所示。

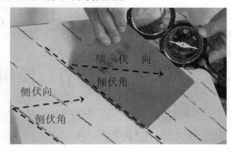

图1-6 线状要素产状要素

线状要素的倾伏向指在通过该线状构造的铅直平面内,指示该线状要素向下倾斜的水平投影方向。线状构造与水平面的夹角称为倾伏角。

线状要素的侧伏向是指线状要素与其所在的平面内的走向线夹角较小的一侧平面的走向方向。侧伏角是指线状要素与其所在平面走向线间较小的夹角(锐角)。

线状要素的倾伏向和倾伏角要在铅直面内测量。实测方法是借助野外记录簿,将记录本的一长边紧贴于线状构造上,然后使记录簿直立。①测量倾伏向时,将罗盘侧面(长边)紧贴于记录簿的一侧面上,并使罗盘水平,当长照准合页指向线状构造的倾伏向时,磁北针所指的刻度即为倾伏向。测量要点如下:将野外记录簿一边紧贴于被测线状要素上;保持野外记录簿直立,将罗盘一侧紧贴于野外记录簿上并保持罗盘底座水平;若长照准合页指向倾伏向一侧,则罗盘磁北针指数即为倾伏向。若反光镜指向倾伏向一侧,则罗盘磁南针指数为倾伏向。②测量倾伏角时,将罗盘侧面(长边)紧贴于记录本的上边,并使罗盘直立,转动长水准器,并使水泡居中,此时角度刻度环的读数即为倾伏角。测量要点如下:将野外记录簿一边紧贴于被测线状要素上;保持野外记录簿直立,将罗盘一侧紧贴于野外记录簿侧面上,长水准器在下方,并保持罗盘底座直立;转动长水准器,使其水泡居中,读取角度刻度盘上的刻度,即为倾伏角。

四、测量坡度角

观测者手持罗盘,并使底盘处于直立状态,打开长照准合页,使其与底盘平行,并使短照准合页与其垂直,转动反光镜,使其与底盘大致呈45°夹角,在远处选一高度与观测和眼睛高度基本一致的目标,通过短照准合页,再穿过椭圆孔观测目标,同时转动长水准器使水泡居中(在反光镜中观察)。此时,长水准器所指的角度刻度环上的角度即为坡度角。

测量要点:保持罗盘底座直立;通过长照准合页上的小孔和罗盘反光镜上的椭圆孔观察远方目标;转动长水准器使水泡居中;读取角度刻度盘上的刻度,即为坡度角。

第四节 产状数据的记录

产状数据在多数情况下是用自0°到360°的倾向方位角和倾角来表示的。例如60°∠55°,表示该地质界面倾向的方位角(倾向)为60°,倾角为55°。又如220°∠60°,则表示地质界面的倾向为220°,倾角为60°。这种表示方法对于换算走向数据也较为方便,因走向

垂直于倾向,用前者数据通过加或减 90°即可获得。方位角记录方式如下:如果测量出某一岩层走向为 310°,倾向为 220°,倾角 35°,则记录为 NW310°/SW∠35°或 310°/SW∠35°或 220°∠35°。

第五节　　使用地质罗盘注意事项

(1)使用和保管地质罗盘要注意以下几点:避免其与铁制品接触,以免磁针失去磁性;不能受潮,以防磁针或顶针生锈不能灵活转动;用完后要锁定磁针固定器,以防磁针自由转动磨损顶针。

(2)在测量方位时,无论长照准合页指向何方,如果要测长照准合页所指的方向,则读磁北针所指刻度;如果要测反光镜一侧所指的方向,则读磁南针所指的刻度。

(3)在测量方位、走向、倾向、倾角和倾伏向时,一定要保持罗盘水平(圆水准器水泡居中),这样磁针才能自由摆动。

(4)在测量坡度角、倾角和倾伏角时,务必要保持罗盘直立,长水准器水泡居中,这样测量的角度才比较准确。

(5)当面状要素凸凹不平或线状要素曲折不直时,要设法取其整体真正的方位,而不要受局部干扰,这时记录本是常用的借助工具。

第二章 地形图的使用

地形图是按一定比例,将地形起伏状态、水系、交通网、居民点及地形、地物的分布位置,以规定的符号标在平面上的一种图件。

地形的起伏形态是用等高线来表示的,即是按照选定的比例,以等高间距高度的水平面与地面的交线的垂直投影所得的等高曲线来表示的。等高线是封闭曲线。两条等高线的间距是随地形的坡度而变化的,坡度越陡,线距越小;坡度越缓,线距越大。

第一节 地形图的类型

地形图一般按比例尺大小分为如下几类:

(1)大比例尺地形图:包括1:5 000、1:2 000及1:1 000等几种比例尺的地形图。

1:5 000比例尺地形图常用于各种工程勘察、规划的初步设计和方案的比较,也用于土地整理和灌溉网的计划、地质勘探成果的填绘和矿藏量的计算等。1:2 000和1:1 000比例尺地形图主要供各种工程建设的技术设计、施工设计及工业企业的详细规划之用。需要在图纸上确定主要建筑物、运输线路及工程管线的位置,有时还用来拟定施工测量的控制网,因而范围比初步设计阶段要小,而详细程度和精度要求较高。

(2)中比例尺地形图:包括1:50 000和1:10 000等几种比例尺的地形图,主要用于地质普查填图、详查、水文工程的水源勘测等。

(3)小比例尺地形图:包括1:100 000及更小比例尺的地形图,主要用于地质路线普查和区域地质测量等。

第二节 地形图的分幅及编号

地形图分幅的方法有正方形法和梯形法。一般大比例尺地形图多采用正方形法,中小比例尺地形图都采用梯形法。各种比例尺的国家基本地形图的图幅是以百万分之一的图幅为基础的。百万分之一的图幅大小和编号(见图2-1)按国际统一规定。

百万分之一地形图的分幅是从地球赤道(纬度0°)起,分别向南北两极,每隔纬差4°为一横行,依次以字母 A,B,C,D,…,V 表示;由经度180°起,自西向东每隔经差6°为一纵列,依次用数字 1,2,3,…,60 表示。如图 2-1 所示为东半球北纬 1:1 000 000 地图的国际分幅和编号。每幅图的编号,先写出横行的代号,后写出纵列的代号。如北京某处的纬度为北纬 39°56′,经度为东经 116°22′,其所在的 1:1 000 000 比例尺图的图幅号是 J−50 或 10−50。

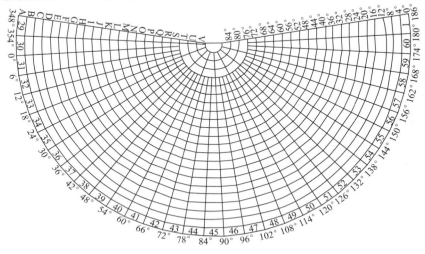

图 2-1 百万分之一图幅及编号

再继续细分时,过去和现在采用的方法不一样,考虑到现在两种分幅方法的地形图均在使用,因此将两种方法均作以介绍。

一、过去采用的分幅方法

过去百万分之一的图幅按照国际统一规定编号,其他比例的地形图的分幅及编号由我国自行规定。百万分之一的图幅可分别成 4 幅 1:500 000、36 幅 1:200 000 的图幅和 144 幅 1:100 000 的图幅。其分幅和编号的准则见图 2-2 和表 2-1。

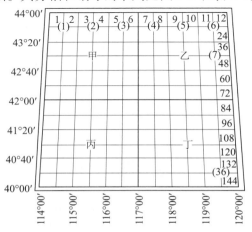

图 2-2 1:1 000 000 ~ 1:100 000 地形图分幅及编号

表2-1　1:1 000 000～1:100 000 图幅分幅及编号一览表

比例尺	图幅范围		编号规则	编号举例	附注
	纬度	经度			
1:1 000 000	4°	6°	横行 A～V 或 1、2…纵列 1～60	K－50	国际规定
1:500 000	2°	3°	百万分之一图幅后加甲、乙、丙、丁	K－50－丁	1/4 百万幅
1:200 000	40°	1°	五十万分之一图幅后加(1)～(36)或百万分之一图幅后加(1)～(36)	K－50－丁－(36)或 K－50－(36)	1/36 百万幅
1:100 000	20°	30°	二十万分之一图幅后加 1、2、3…144 或百万分之一图幅后加 1、2、3…144	K－50－丁－(36)－144 或 K－50－(36)－144	1/144 百万幅

再以十万分之一的图幅为基础,可依次规定 1:50 000、1:25 000、1:10 000 及 1:5 000 比例尺地形图的分幅及编号,见图 2-3。

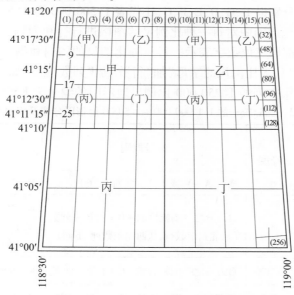

图 2-3　1:100 000～1:5 000 地形图分幅及编号

二、现在采用的分幅方法

现在普遍采用国际统一的分幅方法。1:1 000 000、1:500 000、1:250 000、1:100 000、1:50 000、1:25 000、1:10 000 和 1:5 000 八种地形图构成了国家基本地形图的完整系列。国家基本地形图按统一规定的经差和纬差进行分幅,每幅图的内图廓都由经、纬线构成,

并均在 1∶1 000 000 地形图编号的基础上,建立各级比例尺地形图的图幅编号系统。分幅和编号的准则见图 2-4 和表 2-2。

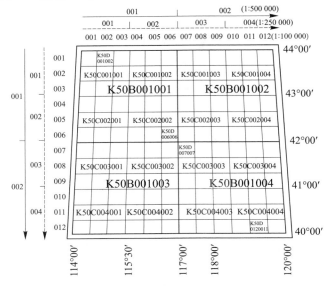

图 2-4　现在采用的地形图分幅及编号

在图幅编号中,分别以 B、C、D、E、F、G、H 代表 1∶500 000 至 1∶5 000 的七种比例尺。在国际 1∶1 000 000 地形图中对每一种比例尺的图幅进行行和列划分,从北到南数行,从西到东数列,行和列都取三位数字表示。每一种比例尺的图幅和编号规则是:在"百万分之一图幅编号"后加"代表比例尺的字母"加"行数"加"列数"。例如,在国际 1∶1 000 000 图幅 K50 中,第 2 行第 3 列的 1∶250 000 比例尺地形图的编号为 K50C002003。

表 2-2　国际统一的 1∶1 000 000 ~ 1∶5 000 地形图分幅及编号规则

比例尺	图幅范围		编号规则	编号举例	附注
	纬度	经度			
1∶1 000 000	4°	6°	横行 A ~ V 或 1、2…纵列 1 ~ 60	K – 50	1
1∶500 000	2°	3°	百万分之一图幅后加 +B + 行数 + 列数 (从北到南数行,从西向东数列,下同)	K – 50B002002 (以最下一行和第二列为例,下同)	2×2
1∶250 000	1°	1°30′	百万分之一图幅后加 +C + 行数 + 列数	K – 50C004002	4×4
1∶100 000	20′	30′	百万分之一图幅后加 +D + 行数 + 列数	K – 50D012002	12×12
1∶50 000	10′	15′	百万分之一图幅后加 +E + 行数 + 列数	K – 50E024002	24×24
1∶25 000	5′	7′30″	百万分之一图幅后加 +F + 行数 + 列数	K – 50FB048002	48×48
1∶10 000	5′30″	3′45″	百万分之一图幅后加 +G + 行数 + 列数	K – 50G096002	96×96
1∶5 000	5′15″	1′52.5″	百万分之一图幅后加 +H + 行数 + 列数	K – 50H192002	192×192

第三节　地形图应用

一、地形图的定向

在野外使用地形图前,经常需要首先使地形图的方位与实地的地理方位相一致。一般利用罗盘或特定的地形地物来达到地形图定向的目的。

在地形图中,图廓纵边一般是真子午线方向,同时图中一般亦给定了磁子午线方向及磁偏角、坐标网格和子午线收敛角。子午线收敛角是坐标纵线与真子午线的夹角。坐标网格为正方形,一般大小为 2 cm×2 cm,又称方里网。

在地形图定向时,首先打开已作磁偏角校正的罗盘,并置于平放的地形图上,将罗盘的长边平行于代表真子午线的方向,使罗盘及地形图水平;然后将罗盘和地形图一起转动,至磁北针指向罗盘的0°位置为止,此时地形图定向结束,见图2-5。可目估对照地形图与实际地形地物之间方位进行检查。

图 2-5　地形图的定向

定向步骤:保持地形图水平,大致使地形图上端朝向北;将罗盘展开,平放于地形图上,使其一边与地形图的一侧边界重合,长照准合页指向地形图的北方向;将地形图和罗盘一起转动,使磁北针指向0°,此时地形图定向完毕。

二、在地形图上定地质点

野外工作,无论是线路地质调查、地质测量,还是矿产调查等工作,都需要在地形图上确定各种性质地质点的位置,一般称作定地质点。有时要确定自己所在的位置或者确定地形地物在地形图上所标定的位置,也需要定点。

在地形图上定地质点时,除要求地质现象观察准确无误外,还要求将欲定点的实际位置准确地填绘在地形图上。这就要求熟练地判断地形图上所标绘的地形地物符号,将一张平面的地形图看成是山峦起伏、沟谷交错的生动画面,这样在图上才能准确地判断各种地形单元间的相互位置关系。一般直接观察周围地形地物的分布特征,与图面地形相对

照,来确定欲定点在图上的位置。也可以用已知的地形地物进行后方交会,从而确定自己所在的位置并将其定在图上。但是,在进行精度要求比较高的大比例尺地质测量时,必须用经纬仪将地质点定在地质图上,并在实际位置上钉上木桩作为标记。

如果所用地形图比较准确,利用周围地物、地形定点,既准确又方便。例如在道路交叉口、公路、河流拐弯处、村庄、房屋、桥梁、水坝等明显特征地物附近定地质点时,首先将地形图定向,将实际地物与地形图上的标记一一对应。目估地质点与地物之间的距离,就可方便而准确地定出地质点在图上的位置。

当周围的地形特征不太明显又无明显地物可参照时,可用后方交会法(见图2-6),来确定自己所在点在地形图上的位置。首先要确定实地较明显的并且在地形图上能够准确找到的2~3个目标作为已知点。其中两个已知点与自己所在点的连线最好近于直交。用罗盘准确测定自己所在点对应于两个已知点的方位,然后用量角器在图上画出方位线,两线的交点应该是自己所在的点。最后用第三个已知目标点进行检查。三条方位线应交于同一点上,如果不交于一点,便出现误差三角形,三角形过大就超出了误差范围。

图2-6 后方交会法

定点原则:选择2个目标明显且在地形图上能够准确找到的已知方位的点;目标不能距观察者太远;两目标与观察者的连线夹角应大于30°,以60°~120°为最佳;有条件的话选择第三个目标点进行校正。

第四节 注意事项

利用后方交会法应注意以下几点:

(1)选择的已知点在图上的位置必须准确认定,点位明确,最好是三角点、有标高的山峰等。

(2)所选的明显目标不要相距太远,否则测量方位的误差影响就会很大。罗盘事先要做磁偏角校正或者读数校正。

（3）选择三点交会,其夹角最好不小于30°。

（4）方位角最好多测几次,然后取其平均值。在图上画方位线时要准确,铅笔要稍硬、削细,画得要轻。

（5）后方交会法出现误差的因素比较多,使用该法定点时,还需利用周围地形进行校正。

第三章　全球定位系统(GPS)的使用

学习目标

掌握全球定位系统的组成,理解全球定位系统的基本原理,掌握 GPS 接收机的常用机型,掌握 GPS 接收机野外操作流程。

技能目标

能够利用 GPS 接收机导航、存点、完成数据的输入输出操作。能够熟练操作 GPS 接收机与 DGSS 系统的对接,能够熟练操作 GPS 接收机与北斗指挥系统的对接。

Global Position System,简称 GPS,是美国研制的导航、授时和定位系统。它由空中卫星、地面跟踪监测站、地面卫星数据注入站、地面数据处理中心和数据通信网络等部分组成。用户只需购买 GPS 接收机,就可享受免费的导航、授时和定位服务。

全球定位系统技术现广泛应用于农业、林业、水利、交通、航空、测绘、安全防范、军事、电力、通信、城市管理等部门。

GPS 系统包括三大部分:空间部分——GPS 卫星星座,地面控制部分——地面监控系统,用户设备部分——GPS 信号接收机。

第一节　使用指南

GPS 作为野外定位的最佳工具,在户外运动中有广泛的应用,下面介绍 GPS 的使用办法和经验。首先大家要熟悉使用 GPS 时常碰到的一些术语。

一、坐标(Coordinate)

坐标有二维、三维两种表示,当 GPS 能够收到 4 颗及以上卫星的信号时,它能计算出本地的三维坐标:经度、纬度、高度;若 GPS 只能收到 3 颗卫星的信号,则只能计算出二维坐标:经度和纬度,这时它可能还会显示高度数据,但这些数据是无效的。大部分 GPS 不仅能以经/纬度(Lat/Long)的方式显示坐标,而且还可以用 UTM(Universal Transverse Mercator)等坐标系统显示坐标。我们一般使用 Lat/Long 系统,这主要是由所使用的地图的坐标系统决定的。坐标的精度在 SA(Selective Availability,美国国防部为减小 GPS 精度而实施的一种措施)打开时,GPS 的水平精度在 50 ~ 100 m,视接收到卫星信号的多少和强弱而定。若 GPS 指示你已经到达目标,那么看看四周,你应该在大约一个足球场大小的面积内发现你的目标。

在 SA 关闭时(目前是很少见的,但美国政府计划将来取消 SA),精度能达到 15 m 左右。经、纬度的显示方式一般都可以根据自己的爱好选择,一般有" hddd. ddddd" ," hddd ∗ mm. mmm"" " ," hddd ∗ mm" ss. s"" " " (其中的" ∗ "代表"度",下同) ,地球子午线长 39 940. 67 km,纬度改变 1°合110. 94 km,1′合 1. 849 km,1″合30. 8 m,赤道圈长 40 075. 36 km。北京地区在北纬 40°左右,纬度圈长为40 075 × sin(90° − 40°) ,此地经度 1°合 276 km,1′合 1. 42 km,1″合 23. 69 m。你可以选定某个显示方式,记录改变数据与原数据,获得地面移动距离,这样能在经、纬度和实际里程间建立起大概的对应关系。大部分 GPS 都有计算两点距离的功能,可给出两个坐标间的精确距离。高度的显示有英制和公制两种方式,进入 GPS 的 Setup 页面,设置成公制,这样其他像速度、距离等项的显示也都会成公制的了。

二、路标(Landmark or Waypoint)

路标是 GPS 内存中保存的一个点的坐标值。在有 GPS 信号时,按一下"MARK"键,就会把当前点记成一个路标,它有个默认的一般像"LMK04"之类的名字,可以修改成一个易认的名字(字母用上下箭头输入) ,还可以给它选定一个图标。路标是 GPS 数据核心,它是构成"路线"的基础。标记路标是 GPS 的主要功能之一,当然也可以从地图上读出一个地点的坐标,手工或通过计算机接口输入 GPS,成为一个路标。一个路标可以将来用于 GOTO 功能的目标,也可以选择一条路线(Route)作为一个支点。一般 GPS 能记录 500 个或 500 个以上的路标。

三、路线(Route)

路线是 GPS 内存中存储的一组数据,包括一个起点和一个终点的坐标,还可以包括若干中间点的坐标,每两个坐标点之间的线段叫一条"腿"(leg)。常见的 GPS 能存储 20 条路线,每条路线有 30 条"腿"。各坐标点可以从现有路标中选择,或是手工/计算机输入数值,输入的路点同时作为一个路标(Landmark or Waypoint)保存。实际上一条路线的所有点都是对某个路标的引用,比如你在路标菜单下改变一个路标的名字或坐标,如果某条路线使用了它,你会发现这条线路也发生了同样的变化。可以有一条路线是"活跃"(Activity)的。"活跃"路线的路点是导向功能的目标。

四、前进方向(Heading)

GPS 没有指北针的功能,静止不动时它是不知道方向的。但是一旦动起来,它就能知道自己的运动方向。GPS 每隔一秒更新一次当前地点信息,将每一点的坐标和上一点的坐标比较,就可以知道前进的方向,请注意这并不是 GPS 导航的方向。不同 GPS 关于前进方向的算法是不同的,基本上是最近若干秒的前进方向,所以除非已经走了一段并仍然在走直线,否则前进方向是不准确的,尤其是在拐弯的时候会看到数值在变个不停。方向是以多少度显示的,这个度数是手表表盘朝上,12 点指向北方,顺时针转的角度。有很多 GPS 还可以用指向罗盘和标尺的方式来显示这个角度。一般,GPS 还显示前进平均速度,这也是根据最近一段的位移和时间计算的。

五、导向(Bearing)

导向功能在以下条件下起作用：

（1）已设定"走向"（GOTO）目标。"走向"目标的设定可以按"GOTO"键,然后从列表中选择一个路标。以后"导向"功能将导向此路标。

（2）目前有"活跃"路线（Activity route）。"活跃"路线一般在设置—路线菜单下设定。如果目前有活跃路线,那么"导向"的点是路线中第一个路点,每到达一个路点后,自动指到下一个路点。

在"导向"页面上部都会标有当前导向路点名称（"Route"里的点也是有名称的）。它是根据当前位置,计算出导向目标的方向角,以与"前进方向"相同的角度值显示。同时显示离目标的距离等信息。读出导向方向,按此方向前进即可走到目的地。有些GPS把前进方向和导向功能结合起来,只要用GPS的头指向前进方向,就会有一个指针箭头指向前进方向和目标方向的偏角,跟着这个箭头就能找到目标。

六、日出/日落时间(Sun set/raise time)

大多数GPS能够显示当地的日出、日落时间,这在计划出发/宿营时间时是有用的。这个时间是GPS根据当地经度和日期计算得到的,是指平原地区的日出、日落时间,在山区因为有山脊遮挡,日照时间根据情况要早晚各少半个小时以上。GPS的时间是从卫星信号得到的格林威治时间,在设置(Setup)菜单里可以设置本地的时间偏移,对中国来说,应设+8小时,此值只与时间的显示有关。

七、足迹线(Plot trail)

GPS每秒更新一次坐标信息,所以可以记载自己的运动轨迹。一般GPS能记录1 024个以上足迹点,在一个专用页面上,以可调比例尺显示移动轨迹。足迹点的采样有自动和定时两种方式,自动采样由GPS自动决定足迹点的采样方式,一般只记录方向转折点,长距离直线行走时不记点;定时采样可以规定采样时间间隔,比如30秒、1分钟、5分钟或其他时间,每隔这么长时间记一个足迹点。在足迹线页面上可以清楚地看到自己足迹的水平投影。你可以开始记录、停止记录、设置方式或清空足迹线。足迹线上的点都没有名字,不能单独引用,查看其坐标,主要用来画路线图和"回溯"功能。很多GPS有一种叫作"回溯"（Trace Back）的功能,使用此功能时,它会把足迹线转化为一条"路线"（Route）,路点的选择是由GPS内部程序完成的,一般选用足迹线上大的转折点。

同时,把此路线激活为活动路线,用户即可按导向功能原路返回。要注意的是,回溯功能一般会把回溯路线放进某一默认路线（比如Route0）中,看所使用的GPS的说明书,使用前要先检查此路线是否已有数据,若有,要先用拷贝功能复制到另一条空路线中去,以免覆盖。回溯路线上的各路点用系统默认的临时名字如"T001"之类,有的GPS定第二条回溯路线时会重用这些名字,这时即使已经把旧的路线做了拷贝,由于路点引用的名字被重用了,所以路线也会改变,不是原来那条回溯路线了。请查看GPS的使用说明书,并试用以明确你的情况。有必要的话,对于需要长期保存的Trace Back路线,要拷贝到空闲路线中,并重命名所有路点名字。

第二节 GPS 的主要使用方法

GPS 比较费电，多数 GPS 使用四节碱性电池一直开机可用 20～30 小时，说明书上的时间并不是很准确的，长时间使用时要注意携带备用电池。大部分 GPS 有永久的备用电池，它可以在没有电池时保证内存中的各种数据不会丢失。由于 GPS 在静止时没有方向指示功能，所以同时带上一个小巧的指北针是有用的。标记路标时，GPS 提供一个默认的路标名，比如 LMK001 之类，难于记忆，虽可改成一个比较好记一些的名字，但是由于输入不便，用上下箭头选字母很费劲，而且一般只能起很短的英文名字，比如 6 或 9 个字母，仍然不好记，所以再带上一个小的录音机/采访机随时记录，是个不错的主意。

一、有地图使用

GPS 与详细地图配合使用时效果最好，但是国内大比例尺地图十分难得，GPS 使用效果受到一定限制。如果你有目的地附近的精确地图，则可以预先规划路线，先做地图规划，制订行程计划，可以按照路线的复杂情况和里程，建立一条或多条路线（Route），读出路线特征点的坐标，输入 GPS 建立路线的各条"腿"（leg），并把一些单独的标志点作为路标（Landmark or Waypoint）输入 GPS。GPS 手工输入数据是一项相当烦琐的事情，请想一下，每个路标都要输入名字、坐标等 20 多个字母数字，每个字母数字要按最多到十几次箭头才能出来。这就是有人舍得花很多钱来买接线和软件，用计算机来上传/下载数据的原因。带上地图，行进时一是利用 GPS 确定自己在地图上的位置，二是按照导向功能指示的目标方向，配合地图找路向目标前进。同时，一定要记录各规划点的实际坐标，最好再针对每条规划路线建立另一条实际路线，既可作为原路返回时使用，又可回来后作为实际路线资料保存，供后人使用。

二、无图使用是更为常见的使用方式

（1）使用路点定点：常用于确定岩壁坐标、探洞时确定洞口坐标或其他像路线起点、转折点、宿营点的坐标。用法简单，Mark 一个坐标就行了。找点：所要找的地点坐标必须已经以路标（Landmark or Waypoint）的形式存在于 GPS 的内存中，可以是以前 Mark 的点或者是从以前去过的朋友那里得到的数据，手工/计算机已得的路标数据。按 GOTO 键，从列表中选择你的目的路标，然后转到"导向"页面，上面会显示你离目标的距离、速度、目标方向角等数据，按方向角即可。

（2）使用路线输入路线：若能找到以前去过的朋友记录的路线信息，把它们输入 GPS 形成路线，或者（常见于原路返回）把以前记录的路标编辑成一条路线。路线导向：把某条路线激活，按照和"找点"相同的方式，"导向"页会引导你走向路线的第一个点，一旦到达，目标点会自动更换为下一路点，"导向"页引导你走向路线的第二个点。若偏离了路线，越过了某些中间点，一旦再回到路线上来，"导向目标"会跳过所绕过的那些点，定位路线上当前位置对应的下一个点。

（3）回溯：回溯功能实际是输入路线（Route）的一种特殊方法，它在原路返回时十分好用。

第四章　沉积岩野外观察及调查要点

第一节　沉积岩分类及结构构造

一、沉积岩分类

　　沉积岩野外分类主要是根据岩石的成分、结构和成因等进行划分的,详细划分见表4-1。

表4-1　沉积岩基本类型的划分

火山碎屑岩	陆源沉积岩		内源沉积岩		
	陆源碎屑岩	泥质岩	蒸发岩	非蒸发岩	可燃有机岩
凝灰岩 集块岩 角砾岩	粗碎屑岩等	泥岩等	石膏岩 硬石膏岩	石灰岩等	煤

注:石灰岩有多种成因,可包括蒸发岩和非蒸发岩两种类型。

二、常用术语

　　(1)陆源碎屑:陆源区母岩经物理风化或机械破坏而形成的碎屑物质。

　　(2)内(源)碎屑:盆地内弱固结的沉积物经水流剥蚀作用形成的破碎物质。

　　(3)粒屑:盆地内由化学、生物化学、生物作用及流水作用形成的粒状集合体,在盆地内就地沉积或经短距离搬运再沉积的内碎屑、生物屑、鲕粒、团粒、团块等的总称。

　　(4)圆度:碎屑颗粒的棱角被磨蚀圆化的程度,可分为四级。

　　棱角状:颗粒具尖锐的棱角。

　　次棱角状:棱角有磨蚀,但仍然清楚可见。

次圆状:棱角有显著的磨损,但原始轮廓还清楚可见。

圆状:棱角全被磨损消失,棱线的外突呈弧形,原始轮廓均已消失。

(5)杂基:碎屑岩中与砂、砾一起机械沉积下来的起填隙作用的粒径小于 0.03 mm 的物质,包括细粉砂和泥质。

(6)胶结物:起胶结作用的化学沉淀物。

(7)泥晶:内源沉积岩中与粒屑同时沉积的充填于粒屑之间的化学、生物化学或机械作用形成的晶粒粒径小于 0.03 mm 的物质。

(8)亮晶:成岩期充填于内源沉积岩原始孔隙中的干净明亮的化学沉淀物。

(9)正砾岩:主要由陆源砾石组成的杂基含量小于 15×10^{-2} 的正常沉积岩。

(10)副砾岩:砾石含量 $<50 \times 10^{-2}$(常为 $5 \times 10^{-2} \sim 30 \times 10^{-2}$)而杂基含量大于 15×10^{-2} 的砾质砂岩或砾质泥岩,一般具特殊成因意义。野外多以泥、砂、砾的相对含量进行命名。

(11)粒度:碎屑颗粒或晶体颗粒大小,也称粒级,各种沉积岩的粒级划分见表 4-2、表 4-3。

(12)颜色:指野外新鲜露头岩石的颜色。当岩石风化强烈时,要注意风化色或半风化色。

表 4-2　碎屑粒级划分

自然粒级标准(mm)	φ 值粒级标准	陆源碎屑名称		内源碎屑名称	
≥128	≤ −7	粗碎屑 (砾)	巨砾	砾屑	巨砾屑
<128 ~ 32	> −7 ~ −5		粗砾		粗砾屑
<32 ~ 8	> −5 ~ −3		中砾		中砾屑
<8 ~ 2	> −3 ~ −1		细砾		细砾屑
<2 ~ 0.5	> −1 ~ 1	中碎屑 (砂)	粗砂	砂屑	粗砂屑
<0.5 ~ 0.25	>1 ~ 2		中砂		中砂屑
<0.25 ~ 0.06	>2 ~ 4		细砂		细砂屑
<0.06 ~ 0.004	>4 ~ 8	细碎屑	粉砂	粉屑	粉屑
<0.004	>8	泥		泥屑	

表 4-3　非蒸发岩矿物晶粒级划分

粒级	类型	粒级	类型
≥2	巨晶	<0.06 ~ 0.03	粉晶
<2 ~ 0.5	粗晶	<0.03 ~ 0.004	微晶
<0.5 ~ 0.25	中晶	<0.004	泥晶
<0.25 ~ 0.06	细晶		

三、沉积构造

(一)单层厚度

微层状	<3 cm
薄层状	3 ~ 10 cm
中层状	10 ~ 50 cm
厚层状	50 ~ 100 cm
巨厚层状	100 ~ 200 cm

块状　　　　　　　　　　>200 cm

（二）层理构造

（1）块状层理：物质成分和颗粒大小在层内分布均一。

（2）韵律层理：不同物质成分、粒级、颜色等成韵律产出。

（3）粒序层理：自下而上颗粒大小由粗变细时称正粒序层理；反之，由细变粗时，称逆粒序层理。

（4）水平层理：岩石中不同组分或颜色呈水平状产出，细层面与上下层面平行者为水平层理。主要产在泥岩、粉砂岩和泥晶灰岩中。

（5）平行层理：砂岩中细层与层面平行。

（6）交错层理：细层与层面斜交，细分为板状斜层理、槽状交错层理和楔形层理。

（7）波状层理：细层面呈波状起伏。

（8）沙纹层理：波长 10～30 cm、波高 0.6～3 cm 的小型交错层理。

（9）羽状交错层理：邻层系内细层倾向相反的交错层理。

（10）透镜状层理（泥岩中的砂质透镜体）、脉状层理（砂岩中的泥质透镜体或条带状）。

（11）丘状交错层理：层系界线呈缓波状、层系上部被侵蚀、细层底界近平行而在中部呈发散—收敛状、细层倾角小而变化大的层理。

按层系厚度可以把层理分为：

<3 cm　　　　　　　　　小型

3～10 cm　　　　　　　中型

>10 cm　　　　　　　　大型

（三）层面构造

（1）波痕：对称或不对称。

（2）剥离线理：长条状颗粒的定向排列等。

（四）底面构造

（1）侵蚀模：槽模。

（2）刻蚀模：沟模、刷模等。

（3）充填构造（冲蚀模）。

（五）同生变形构造

（1）重荷模（负载）构造。

（2）包卷构造。

（3）滑塌构造。

（4）其他：如泻水沟、泥火山、沙火山、水成岩脉等。

（六）暴露成因构造

干裂、雨痕、帐篷构造。

（七）化学成因构造

结核、叠锥。

（八）生物成因构造（遗迹化石）

钻孔、爬痕。

（九）复合成因构造

孔洞充填构造、示底构造等。

第二节　沉积岩野外观察及调查要点

一、陆源碎屑岩

（一）陆源碎屑岩分类

碎屑岩包括四种基本组成部分，即碎屑颗粒、杂基、胶结物和孔隙，碎屑颗粒的大小（粒级）和成分决定了岩石的基本特征，为碎屑岩分类的主要依据。为了表明碎屑大小与水动力条件之间的关系，常采用自然粒级划分标准（见表4-4）。根据碎屑粒级不同，可以把碎屑岩分为砾岩及角砾岩、砂岩、粉砂岩和泥质岩四大类。

表4-4　φ 值粒级划分

	颗粒大小（mm）		φ 值		颗粒大小（mm）		φ 值
砾	32	(2^5)	−5	砂	0.125	(2^{-3})	+3
	16	(2^4)	−4	粉砂	0.063	(2^{-4})	+4
	8	(2^3)	−3		0.031 5	(2^{-5})	+5
	4	(2^2)	−2		0.015 7	(2^{-6})	+6
砂	2	(2^1)	−1		0.007 8	(2^{-7})	+7
	1	(2^0)	0	泥	0.003 9	(2^{-8})	+8
	0.5	(2^{-1})	+1		0.002 0	(2^{-9})	+9
	0.25	(2^{-2})	+2		0.001 0	(2^{-10})	+10

1. 砾岩和角砾岩的分类

建议采用成都地质学院的砾岩和角砾岩分类方案（见表4-5）。其中正砾岩的砾石含量占全部碎屑的30%以上（颗粒支撑）；副砾岩杂基含量大于15%（杂基支撑），砾石含量常为5%～30%。严格地说，副砾岩已不属于砾岩范畴，但由于其特殊的成因意义，才习惯地列入砾岩类，并采用裴蒂庄的命名。

表4-5　砾岩和角砾岩分类

		正砾岩 （含量＜15%）	准稳定碎屑＜10%	正石英岩质砾岩
外生碎屑的	外成的		准稳定碎屑＞10%	岩屑砾岩（石灰岩砾岩、花岗岩砾岩等）
		副砾岩 （含量＞15%）	杂基具纹层	纹层状砾质泥岩或泥板岩
			杂基无纹层	冰碛岩（冰川成因的）
				类冰碛岩（非冰川成因的）
	层内的	层内砾岩和角砾岩		
火山碎屑的	火山角砾岩和集块岩			
压碎碎屑	地滑和滑塌角砾岩			
	断层角砾岩和褶皱角砾岩，"构造冰碛岩"			
	崩塌和溶解角砾岩			
陨石的	撞击角砾岩			

2. 砂岩分类

砂岩是粒度为 $2 \sim 0.063$ mm（$-1 \sim 4\varphi$）的砂级颗粒占 50×10^{-2} 以上的碎屑岩。按碎屑的粒级范围可进一步分为粗砂岩（$2 \sim 1$ mm，或 $-1 \sim 0\varphi$）、中砂岩（$1 \sim 0.5$ mm，或 $0 \sim 1\varphi$）、细砂岩（$0.5 \sim 0.063$ mm，或 $1 \sim 4\varphi$）三种基本类型。为了尽可能表示出此类岩石的形成机理与环境特征，建议采用成都地质学院的砂岩成分。成因分类见图 4-1。如岩石中含有某种特殊矿物时可用附加命名办法，如海绿石石英砂岩、锆石砂岩等。

3. 粉砂岩分类

粉砂岩是粒度为 $0.063 \sim 0.003\,9$ mm（$4 \sim 8\varphi$）的碎屑占 50×10^{-2} 以上的一种细碎屑岩。粉砂岩中矿物成分较简单，以石英为主，常有丰富的白云母及其他黏土矿物。碎屑多呈棱角状。粉砂岩可以按碎屑粒度（结构）、组分及胶结物成分来分类。

粉砂岩按粒度可以分为粗粉砂岩（$0.063 \sim 0.031\,5$ mm，或 $4 \sim 5\varphi$）和细粉砂岩（$0.031\,5 \sim 0.003\,9$ mm，或 $5 \sim 8\varphi$）。粗粉砂岩的特点近于细砂岩，两者经常共生，而且常发育各种流水成因的小型交错层理；细粉砂岩则常与泥质岩或灰泥岩共生，形成各种过渡类型岩石。粉砂岩的矿物成分分类只能依靠显微研究来进行，对于野外调查来说，采用结构分类比较合适。

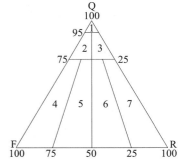

1—石英砂岩或石英杂砂岩；2—长石石英砂岩或长石石英杂砂岩；3—岩屑石英砂岩或岩屑石英杂砂岩；4—长石砂岩或长石杂砂岩；5—岩屑长石砂岩或岩屑长石杂砂岩；6—长石岩屑砂岩或长石岩屑杂砂岩；7—岩屑砂岩或岩屑杂砂岩

图 4-1 砂岩和杂砂岩按碎屑组分的划分
（GB/T 17412.2—1998）

4. 泥质岩的分类

泥质岩主要由 $<0.003\,9$ mm（$<8\varphi$）的细碎屑（$>50 \times 10^{-2}$）组成，含有少量粉砂级碎屑，也称为黏土岩或泥岩，属细碎屑沉积岩类。泥质岩是沉积岩中分布最广的一类岩石，其主要成分为黏土矿物，其次是粉砂级的碎屑与自生的非黏土矿物。

泥质岩的成分和成因都较其他碎屑岩复杂，而且成岩期后变化很大，目前合理的分类问题仍未解决，建议根据刘宝珺的分类方案进行划分（见表 4-6）。

（二）命名原则

细分可按粗、中、细碎屑岩不同划分：①粗碎屑岩类岩石命名按胶结物 + 砾石成分 + 结构 + 基本名称。②中碎屑岩类岩石的命名按胶结物 + 结构 + 碎屑成分 + 基本名称。③细碎屑岩类岩石的命名按胶结物 + 结构 + 基本名称。

（1）次要成分：含量小于 50×10^{-2} 的成分。

当次要矿物含量为 $5 \times 10^{-2} \sim 25 \times 10^{-2}$ 时，以含××质参与命名。

当次要矿物含量为 $25 \times 10^{-2} \sim 50 \times 10^{-2}$ 时，以××质参与命名。

（2）主要成分：指含量 $>50 \times 10^{-2}$ 的物质。

（3）结构：指碎屑颗粒的大小，即巨（粗）、中、细等（详见表 4-2）。

一种结构存在时，即以该结构名称参与命名。

表 4-6　泥质岩的分类

固结程度		结构（粉砂含量）			黏土矿物成分	混入物成分
		$<5\times10^{-2}$	$5\times10^{-2}\sim$ 25×10^{-2}	$25\times10^{-2}\sim$ 50×10^{-2}		
未固结~ 弱固结		泥（黏土）	含粉砂泥 （黏土）	粉砂质泥 （黏土）	高岭石黏土、 蒙脱石黏土、 伊利石黏土	
固结	无纹理、无页理	泥岩	含粉砂泥岩	粉砂质泥岩	高岭石黏土岩、 伊利石黏土岩、 蒙脱石黏土岩、 高岭石—伊利 石黏土岩等	钙质泥岩、铁质泥岩、硅质泥岩
	有纹理、有页理	页岩	含粉砂页岩	粉砂质页岩		钙质页岩、碳质页岩、铁质页岩、黑色页岩、硅质页岩、油页岩
强固结		泥板岩				

（据刘宝珺，1980）

两种结构存在时，则按次者在前、主者在后的顺序参与命名。

三种或三种以上结构存在时，则不一一列出，而以不等粒称之，但需在描述中注明各自的含量及基本特征。

（4）基本名称：主要有砾岩、角砾岩、砂岩、粉砂岩、泥岩。

（三）野外碎屑岩成分、结构构造观察

1.（角）砾岩的野外观察要点

（1）砾石成分及大小、磨圆程度。

（2）砾石的分布：均匀或不均匀。

（3）扁平砾石或长条状砾石的排列方向：杂乱分布或定向分布，测量砾石 AB 面产状（100~200 个）、砾石和轴方向，有无叠瓦状构造。

（4）砾石间的支撑性，杂基、胶结类型（基底式、孔隙式、接触式）。

（5）对复成分砾岩要在野外选择出露比较好的露头（1~2 m²）统计 100~200 个大小不等的砾石成分，计算其含量。

（6）对砾岩中所含砾石的大小在剖面上的变化趋势及砂岩夹层或透镜体，应引起足够的重视，它们能指示沉积旋回和层理特征。

2.砂岩的野外观察要点

砂岩是指粒级在 2~0.06 mm 的陆源颗粒含量达 50×10^{-2} 以上的岩石，按粒级可分为粗砂岩、中砂岩、细砂岩。

（1）砂粒大小、成分：中、粗砂粒的磨圆度，在野外初步确定粒度大小和基本名称。

（2）层理构造：交错层理是砂岩中最常见的重要沉积构造，对它的观察和描述要点见

前述。

（3）层面特征，如有无冲刷、层面平整与否等。

（4）成分、粒度、沉积构造等在剖面上的变化及旋回性。

（5）采集粒度分析样品及岩石薄片样，通过微观分析查明基本特征：胶结类型、接触关系、填隙物等。

3. 粉砂岩和泥质岩的野外观察

粉砂岩是指粒径为 0.063 ~ 0.003 9 mm 的陆源碎屑含量达 50×10^{-2} 以上的沉积岩，可细分为粗粉砂岩（0.063 ~ 0.031 5 mm）和细粉砂岩（0.031 5 ~ 0.003 9 mm）。泥质岩是由黏土矿物含量大于 50×10^{-2} 的沉积岩，据纹层和页理构造，细分为泥岩（黏土岩）和页岩，在此基础上按黏土泥质岩命名，按矿物成分进行细分，颜色 + 混入物 + 黏土矿物 + 基本名称。

上述岩石的观察要点：①层厚、纹层构造、颜色、韵律性或旋回性等。②采集黏土矿物分析样品。

二、碳酸盐岩

按成分将碳酸盐岩划分为石灰岩和白云岩及其过渡类型，此外，按方解石、白云石与黏土矿物或陆源碎屑含量划分的过渡类型也很重要。

碳酸盐岩的分类见表 4-7、表 4-8。

表 4-7　石灰岩按结构成因划分的岩石类型

颗粒百分量		>50%		50% ~ 25%	25% ~ 10%	<10%
填隙物（$\times 10^{-2}$）		亮晶 > 泥晶	泥晶 > 亮晶	泥晶 ≥ 50	泥晶 ≥ 75	泥晶 ≥ 90
粒屑类型	内碎屑	亮晶内碎屑灰岩	泥晶内碎屑灰岩	内碎屑泥晶灰岩	含内碎屑泥晶灰岩	泥晶灰岩
	生物屑	亮晶生物屑灰岩	泥晶生物屑灰岩	生物屑泥晶灰岩	含生物屑泥晶灰岩	
	鲕粒	亮晶鲕粒灰岩	泥晶鲕粒灰岩	鲕粒泥晶灰岩	含鲕粒泥晶灰岩	
	团粒	亮晶团粒灰岩	泥晶团粒灰岩	团粒泥晶灰岩	含团粒泥晶灰岩	
	团块	亮晶团块灰岩	泥晶团块灰岩	团块泥晶灰岩	含团块泥晶灰岩	
	三种以上粒屑混合	亮晶粒屑灰岩	泥晶粒屑灰岩	粒屑泥晶灰岩	含粒屑泥晶灰岩	
原地固着生物类型：生物礁灰岩、生物层灰岩、生物丘灰岩						
化学及生物化学类型：石灰华、钟乳石、钙结层、泥晶灰岩						
重结晶类型：巨晶灰岩、粗晶灰岩、中晶灰岩、细晶灰岩、不等晶灰岩						

（据曾永孚等，1980）

注：1. 内碎屑粒级细分按表 4-2 规定，下同。

2. 生物屑细分按生物门类，如贝（壳）屑、虫屑、粒屑等。

3. 原地固着生物类型按主要生物细分，如珊瑚、海绵、层孔虫等。

4. 鲕粒直径大于 2 mm 者称豆粒，下同。

表 4-8　白云岩按结构成因划分的岩石类型

原生结构类型 \ 白云石化强度	粒屑灰岩白云石化				内碎屑白云岩	生物白云岩
	弱白云石化（白云石 25%~50%）	中等白云石化（白云石 0~50%）	强白云石化（白云石 50%~90%）	极强白云石化（白云石 ≥90%）		
内碎屑	弱白云石化内碎屑灰岩	白云石化内碎屑灰岩	残余内碎屑灰质白云岩	细晶白云岩中晶白云岩粗晶白云岩巨晶白云岩不等晶白云岩	砾屑白云岩砂屑白云岩粉屑白云岩泥屑白云岩	叠层石白云岩层纹石白云岩核形石白云岩凝块石白云岩
生物屑	弱白云石化生物屑灰岩	白云石化生物屑灰岩	残余生物屑灰质白云岩			
鲕粒	弱白云石化鲕粒灰岩	白云石化鲕粒灰岩	残余鲕粒灰质白云岩			
团粒	弱白云石化团粒灰岩	白云石化团粒灰岩	残余团粒灰质白云岩			
团块	弱白云石化团块灰岩	白云石化团块灰岩	残余团块灰质白云岩			
微晶	弱白云石化微晶灰岩	白云石化微晶灰岩	残余微晶灰质白云岩			
原地固着生物灰岩白云石化	白云石化生物礁灰岩、生物层灰岩、白云石化生物丘灰岩		残余生物礁灰质白云岩、残余生物层灰质白云岩、残余生物丘灰质白云岩			
准同生白云岩	泥晶白云岩、微晶白云岩、粉晶白云岩					

三、硅质岩的野外调查

野外重要调查内容:颜色、产状、相对密度及微孔隙构造。

四、煤和油页岩的野外调查

首先从含煤或含油页岩岩系入手,查明煤层(或油页岩)在地层中的产状、厚度、旋回性等。

五、岩相组合调查

在上述岩类调查基础上,详细查明岩石组合关系,以及各岩类之间的相变关系,加强

岩性突变的研究。查明沉积构造的组合关系。

六、沉积构造的野外观察

（1）重点观察沉积构造的类型及其组合关系。

（2）各种构造与屋面的关系：如生物钻孔与层面是斜交还是垂直。

（3）收集各种定向构造的产状。

（4）对交错层理观察要点：①测量层系、层系组厚度、细层厚度、交错层细层最大倾角和倾向及层系的产状。②确定是交错层理（层系厚度>3 cm，细层系厚度大于数毫米）还是交错纹理（层系厚度<3 cm，细层系厚度小于数毫米）。③注意观察前积层的形态（槽状或板状）、前积层与层系底界面的交切关系（呈角度接触还是切线过渡）。

七、古流向测定

（1）砾石测量。测量砾石最大扁平面的产状，测量数据要求在100～200个。

（2）交错层理的测量。必须通过两个不同方位的断面观察，确定交错层理的类型和层系内前积纹层的最大倾斜面，然后测量。对于槽状交错层理，要准确测出沿槽轴的最大倾斜方向。

（3）波痕测量。不对称波痕较陡的一侧指示水流方向。

（4）槽模呈辐射状散开的一端指示水流方向，突起一端为水流方向。

（5）冲蚀槽也是一个指示古水流方向的特征构造。

八、第四纪沉积物的野外调查

（一）岩性分类（见表4-9）

表4-9　第四纪松散沉积物分类命名

粒径及含量			<0.005 mm		
			<6%	6%～25%	25%～50%
>50%	>200 mm	磨圆状 棱角状	漂砾 块石	含黏土漂砾 含黏土块石	黏土质漂砾 黏土质块石
	200～20 mm 为主	磨圆状 棱角状	卵石 碎石	含黏土卵石 含黏土碎石	黏土质卵石 黏土质碎石
	20～10 mm 为主		粗砾	含黏土粗砾	黏土质粗砾
	10～5 mm 为主		中砾	含黏土中砾	黏土质中砾
	5～2 mm 为主		细砾	含黏土细砾	黏土质细砾

续表4-9

粒径及含量		<0.005 mm				
		<6%	6%～10%	10%～30%	30%～60%	>60%
50%～25%	>2 mm	砾质砂土	砾质亚砂土	砾质亚黏土	砾质轻黏土	砾质重黏土
25%～15%		含砾砂土	含砾亚砂土	含砾亚黏土	含砾轻黏土	含砾重黏土
15%～10%		微含砾砂土	微含砾亚砂土	微含砾亚黏土	微含砾轻黏土	微含砾重黏土
>50%	>0.05 mm	砂土	亚砂土	亚黏土	轻黏土	
>50%	0.05～0.005 mm	粉砂土	粉砂质亚砂土	粉砂质亚黏土	粉砂质轻黏土	
40%～50%	>0.005 mm				轻黏土	
<40%	>0.005 mm					重黏土

（据《土木实验规程》,1984）

（二）野外观察要点

（1）观察点一般布置在地层、地貌特征分界处,对样品采集点进行详细描述。

（2）岩性观察:厚度、产状、颜色、结构、构造及变化情况,如为砾石沉积,应注意描述砾石的圆度、成分、分选性、排列方向、表面特征,统计砾石、卵石、漂砾、砂和黏土含量等。

（3）成因类型:根据沉积物岩性、结构、构造及所含动、植物群,并结合地貌特征划分成因类型。

（4）含矿性:如泥炭、高岭石、砂矿及其他建筑材料,应查明其产状和分布情况,并采集有关样品。

（5）生物化石:注意寻找哺乳动物化石和采集孢粉样。

（6）古生壤:颜色、厚度、成分、结构、构造及与上下岩性层的关系。

（7）新构造运动的表现:从阶地结构特点、夷平面的变化、第四纪变形（褶皱、断裂、倾斜产状等）、阶地形切割强度等方面研究新构造运动的性质和强度。

（8）地貌描述:

①确定地貌类型,然后进行地貌单元特征描述。

②将地貌单元的产状、规模、分布范围等准确地标在地形图上。

③据地貌形态特征及堆积物岩性、结构、构造变化规律,进行成因与年代分析。

④特殊地貌的观察。

阶地:由老系统观察描述以下内容:a.各级阶地面距河水面的相对高度、阶面倾斜及其与河流上、下游关系;b.阶地的长度和宽度、阶面起伏形态以及各阶地间和阶地与山坡间的接触关系;c.组成阶地的基岩岩性及时代,第四纪沉积物的类型、岩性特点和含矿性、阶地类型。

夷平面（剥夷面）:a.夷平面保存情况、连续程度及分布特点;b.详细记录夷平面上残

存的相关沉积物,注意寻找化石;c.组成夷平面的基岩性质及产状;d.各级夷平面的变化情况及相互接触关系;e.夷平面的标高变化及其地貌特点。

(三)野外松散土特征快速鉴定表(见表4-10)

表4-10　野外松散土特征快速鉴定表

鉴定方法	黏土类	亚黏土类	亚砂土类	砂土(砂)
眼看	无砂、质细、致密,同种土,断面不平整,无空隙	能见砂粒,土质都不是同种土,断面不平整,可见空隙	有砂,土质粗糙、松散,断面粗糙、空隙发育	砂状、松散,空隙发育,断面极粗糙
用手揉搓的感觉	土块完整性好,感觉较重,搓之有滑感,致密,空隙很少	土块完整性较好,手搓之有少量砂感,见有少量空隙	土块完整性差,感觉较轻,手搓之结构松,易碎,空隙较多	不能搓成细条或球体
干土受挤压的反应	土块坚硬,裂隙发育,手压不碎,小刀切面光滑平整、铁锤打击见粉末不见砂	裂隙少,手压不易碎,小刀切面不光滑,见有砂粒	手压即碎,小刀切面不光滑,含有砂粒	疏松
湿土受挤	紧按手指,指纹清楚,能搓成1 mm粗的细条,易搓成球体	紧按手指,指纹不清楚,能搓成球体和较粗(3 mm)的细条	紧按手指不见指纹,不能搓成细条,搓成的球体上见裂纹	湿度不大时具有不大的表面黏聚力,过湿时成流动状态
物性	黏性和塑性好,不透水	黏性和塑性较差,透水性弱	无黏性和塑性,透水性较好	透水性好

第三节　化石野外工作的基本要求

　　化石是研究生物地层、生态地层、地质年代、古环境和古地理等的基础材料,野外工作中应尽可能多采集一些化石样品,以争取室内深入工作的主动权。

一、大化石的野外观察描述（见表4-11）

表4-11　大化石的野外观察描述要点

观察项目	描述要点
化石门类	所属生物门类（如双壳类、腕足类、蕨类植物、松柏等）
化石保存类型	区分实体化石、模铸化石、遗迹化石
埋藏属性	原地埋藏、异地埋藏、化石壳瓣分离情况、化石散布或有优选方位
化石多样性和丰富度	采用拉线法或样方法统计各门类化石组成、个体数、百分比
生态类型	统计底栖爬行、固着、潜穴、钻孔、浮游或假漂游等类型的比例
共存关系	共栖、共生、互惠、寄生、侵食
交代、充填特征	硅化、黄铁矿化、钙化、白云石化、泥质充填等
造岩特征	介壳层、生物丘、生物礁等

二、孢粉采样注意事项

工作区白垩纪、第三纪、第四纪地层分布面积广,孢粉采样与生物地层研究将占较大比重,因此野外孢粉采样应引起特别重视。

孢粉采样应注意以下几点:

（1）采样时将露头上松软的风化层剥去,采新鲜面。样品取下之后及时包装以免其他物质混入。第四纪孢粉样品要特别防止周围岩石和现代孢粉混入。

（2）岩性选择:优先选择未变质或弱变质的陆相—浅海相岩石。烟煤、气煤、褐煤、腐殖泥、泥炭、炭质泥页岩、炭质粉砂岩、炭质细砂岩、灰黑色泥页岩等最为理想。灰色—灰绿色混页岩、粉砂岩、细砂岩也常含一定孢粉。焦肥煤以上的变质煤、变质岩、红—白色砂砾岩、黏土岩、灰岩、白云岩等一般仅含少量或不含孢粉,因此一般少采用这类岩石样品,要特别留意厚层岩石中薄夹层取样。

（3）样品质量:一般岩石200 g左右,煤、泥炭50 g左右即可。

第四节　层序地层的野外调查

一、基本层序的野外调查

基本层序是沉积地层垂向序列中按某种规律叠覆的,一般能在露头范围观察到代表一定地层间隙发育特点的单层组合。一定地层间隔往往由某1～2种基本层序反复重现组成。基本层序应根据可以看到的单层叠覆规律和界面特征来划分,而不受其成因或环境的影响,以便把地层序列的组成、结构研究和成因解释建立在客观描述的基础之上。

（一）基本层序的类型

（1）旋回性基本层序:是由三个以上的单层按一定顺序依次叠置而成的,多在一定地

层间隔内重复出现。因此，可以用基本层序的个数及代表性的单层组合来表示该地层间隔的组成与结构特征。对于单调的韵律（如泥岩—灰岩、砂岩—泥岩）沉积层序，可根据单层的特征、砂泥钙质的富集趋势、生物含量及活动遗迹和成岩特征的变化规律识别出基本层序。旋回性基本层序可以根据其单层宏观叠覆特征分为向上变细或变薄型、向上变粗或变厚型以及混合型等。

（2）非旋回性基本层序：凡肉眼看不出旋回性特征的地层间隔，均为非旋回性地层序列。其划分的原则和方法为：①岩性均一的泥岩、某些礁灰岩，以及非旋回性的韵律沉积，应以其中明显的水下沉积间隔、冲刷面或陆表暴露面等为界来划分基本层序。或者以任一段厚度不大的地层柱作为基本层序。②具有某种随机重复出现的夹层的地层间隔应根据较明显的特殊沉积层，如沉积物重力流沉积、生物富集层或特殊岩性层夹层的重复出现，划分基本层序。

（二）基本层序的调查方法

实测剖面是定量研究各岩石地层单位基本层序的主要方法。在实测剖面期间应实地现场查明岩石地层单位基本层序的组成、结构、类型、厚度、数量、特殊夹层、重要间断及其纵向变化特点。

基本层序野外调查一般包括下列内容（见表4-12）。

表4-12　基本层序野外观察及描述要点

调查内容		野外观察及描述要点
单层	成分	指各单层的岩石类型、特殊成分（如有用金属矿物，磷、铁、锰结核，海绿石，蒸发岩矿物，以及古生物内容（包括实体化石和生屑类别与含量等）
	特殊夹层	包括生物化石富集层、地球化学异常层、含矿层、古风化壳、古土壤、碳酸盐序列中的石英砂岩或黏土岩夹层、风暴沉积层、火山灰夹层，它们往往也是非正式填图单位
	结构构造	包括单层的厚度、形态、岩石的沉积结构与构造、遗迹化石、古生态、古流向、成岩结构与构造（如帐篷构造、干裂、窗格构造等）
叠覆特征		查明基本层序内各单层间有无优选的叠覆方向，是否存在侵蚀兼并和沉积间断，以及基本层序间的叠覆特点，可否构造进积、退积和加积型序列
基本层序的纵横变化		利用实测剖面及填图路线查明基本层序的空间变化，包括其组成、结构、类型、厚度及特殊夹层与重要间断面的变化特征
与理想的模式相对比		对比异同点，帮助认识形成基本层序的沉积作用和环境特点，并起预测作用

路线调查时应查明主干剖面中已知基本层序的空间变化特征，发现并补充收集新类型的基本层序资料等。新类型的基本层序记录内容及格式同上。

二、层序地层格架的野外调查

层序地层学是通过识别由海平面升降周期性变化所产生的沉积特征来划分对比地层、定年和解释地质记录的新学科。本书调查主要以古生代、中生代地层为层序地层学的研究重点,层序地层学的主要研究对象是三级层序和更小级别的单元,即沉积层序、沉积体系域和副层序。除三级层序界面可以存在侵蚀不整合外,更低级别单元之间一般只有海泛面和地层结构转换面。

(一)层序内重要界面的识别与研究

(1) Ⅰ型层序界面(SB_1):指侵蚀范围延伸到陆架边缘以下形成的不整合面,具有如下特征:

①陆架具地表暴露与河流回春。

②具深切谷和深切谷充填。

③朝盆地方向显著相位移,陆相或极浅海岩石直接上覆在深水海相岩层之上。

④朝盆地方向生境型显著位移,垂向序列中生境型不连续。

⑤在碳酸盐岩层序中,常见斜坡前缘侵蚀,在斜坡下方形成碳酸盐的巨型角砾沉积及碳酸盐的牵引流和密度流沉积。

(2) Ⅱ型层序界面(SB_2):指侵蚀范围局限于陆架之上,没有延伸到陆架边缘以下时形成不整合面,具有如下特征:

①陆架,尤其是内陆架出现地表暴露及沉积滨线坡折向陆一侧的海岸上超向下迁移。

②无河流回春和地表侵蚀作用。

③无明显朝盆地方向的相位移、生境型位移。

④在碳酸盐岩层序中,岩石常发生混合和白云岩化,甚至喀斯特化(古岩溶面)。

(3)海侵面(TS):是层序内通过陆架的第一个明显的海泛面,为LST(或SMST)与TST间的分界面,一般具有如下特征:

①TS上、下沉积体叠加方式从进积型为主变为退积型序列。

②TS是一条重要的地层结构和相结构转换面,通过该面,水体明显持续加深。

③TS是一条生物快速迁移和辐射的复合生物事件界面,年代地层界线常常与TS重合。

(4)最大海泛面(mfs):为最大海侵时形成的海泛面,为TST与HST的分界面,一般具有如下特征:

①mfs上、下沉积体叠加方式从退积型变为加积或进积型序列。

②沿该面向海盆一侧出现远洋沉积物非常缓慢沉积的海相薄层,即凝缩层(CS)。

(二)体系域及凝缩段的识别与研究

根据其内部结构,层序可进一步划分为不同的体系域,即低水位体系域(LST)(包括低水位扇及低水位楔)、海侵体系域(TST)和高水位体系域(HST),各体系域在层序内的相对位置、相互关系、主要岩相和形态几乎是固定的。凝缩段是TST与HST之间的一段过渡地层,由于其具有独特的岩石学、矿物学、地球化学特征,在野外易于识别,因此它是层序地层学研究和区域地质填图的标志层,并且含丰富的多门类的浮游生物和底栖生物组合,是确定层序及层序界和年代的主要依据。各体系域和凝缩段主要鉴定特征见表4-13。

表 4-13　各体系域和凝缩段的主要鉴定特征及形成时期与定义

名称			顶界	底界	地层结构	形成时期	定义
低水位体系域	深切河谷充填物		TS	SB$_1$	加积	全球海面在慢速下降至上升最初期或相对海面缓慢上升期	全球海面快速下降的低水位期海面低于沉积滨线坡折情况下的沉积体系组合域
	低水位楔	晚期	TS	上超于 SB$_1$，下超于扇顶面	进积		
		早期	扇顶面	SB$_1$ 及低水位扇顶	进积—加积	全球海面高速下降期或相对海平面最低期	
	低水位扇		TS	下超于 SB$_1$ 的相当面	进积—加积		
陆棚边缘体系域（SMST）			TS	发生海岸上超向盆地迁移的 SB$_2$ 及其整合面	进积—加积	全球海面下降后期至上升初期或相对海面高速下降至逐渐上升初期	全球海面慢速下降的低水位期海面不低于沉积滨线坡折情况下的沉积体系组合域
高水位体系域（HST）			SB$_1$ 或 SB$_2$	向陆上超于层序底界不整合；向海下超于 mfs	加积—进积	全球海面上升后期至下降初期或相对海面下降期	全球海面高水位期的沉积体系组合域
凝缩段（CS）	上部		与 HST 过渡	下超于 mfs	进积	全球海面上升最快期或相对海面最高期	区域性最大海侵期沉积于中－外陆棚至盆地内的贫陆源碎屑的海相薄层低速沉积段
	下部		mfs	与 TST 过渡	加积，中—上部退积—加积，下部进积，最底部快速退积		
海侵体系域（TST）			mfs	向陆上超于层序底界不整合；向海下超于 TS		全球海面快速上升期或相对海面上升期	全球海面快速上升期的沉积体系组合域

（据 brown，1977；徐怀大等，1993）

需要说明的是，各体系域较易识别的是基本层序的叠加型式。

但鉴别基本层序叠加型式的关键是沉积相分析。没有正确的沉积相研究，就不能建立符合沃尔特相律的垂向相序和合理的沉积环境的平面展布，也就不能正确判断某一特定相(或标志层)是向海还是陆迁移,从而不能正确地鉴别基本层序的叠加型式。

海平面相对升降曲线的建立并与其他地区同期层位对比主要依据沉积相的分析和生态地层学资料来实现,总结工作区古生代海平面变化特点,并与世界其他地区同期地层对比,找出异同点。因为海平面的变化除受构造作用和沉积作用控制的地区性特点外,更重要的是它们同样受到全球海平面升降变化的影响而具有全球对比意义。

上述是在实测剖面上详细研究的基础上建立的,通过路线填图、遥感图像解译等加以证实,同时对于层序在空间上的展布情况和叠覆特征要有目的地追索,建立起测区的层序地层格架。

第五节 地层接触关系野外调查

地层接触关系是地层研究的重要内容,也是研究地壳运动、海平面变化和地质构造演变历史的一个重要依据,分为不整合与整合两种基本类型。

一、不整合

地层记录中的重要间断称为不整合,可分 4 种类型,其主要含义见表 4-14。

表 4-14   不整合的主要类型与含义

类型	含义(据张守信,1983,略有修改)
非整合	沉积盖层与下伏较老的、早已暴露于地表并遭到剥蚀的深成岩浆岩或块状变质岩之间的不整合
角度不整合	间断面上、下岩层之间层面不平行或倾角不一致的不整合
假整合	以不规则的侵蚀或暴露间断面为特征的,其上、下岩层平行的不整合,向陆方向追索可见上覆岩层对不整合面的上超现象
似整合	间断面为看不出侵蚀、暴露现象的层面,其上、下岩层平行,难以在露头中准确定位的不整合

不整合由构造运动或全球性海平面下降与地壳升降联合作用下出现的较大幅度的相对海平面下降造成。地层序列中因相对海平面下降造成的不整合(特别是假整合与似整合)最为常见,也是层序地层划分、建立区域地层格架中最为重要的界线标志。区域性不整合面的识别标志有:

(1)不整合面上、下岩层几何关系标志:最重要的是向陆方向上覆岩层对不整合面的区域性上超(超覆)、陆架(台地)前缘或盆地边缘的倾斜进积岩层对陆架(台地)边缘上超、对上覆不整合的顶超以及上覆地层对不整合的下超等。

(2)古风化壳和古暴露面:古风化壳有钙质、铁质、铝质和硅质四类,均属于古土壤,一般保存 B 层(淋积—残积层);古暴露面常见帐篷构造、渗流豆石、喀斯特角砾岩、泥裂、渣状构造等。

（3）岩性岩相标志：岩性和垂直层序的突变、底砾岩的出现。

（4）不整合的剥蚀标志：常见的有不整合面的起伏、深切河谷、较大型的圆滑喀斯特溶沟等。但是经过较长期暴露或波浪冲刷的不整合则无剥蚀标志保留。

（5）地层缺失和古生物带的缺失。

二、整合

上下地层在沉积层序上没有间断，岩性特征或所含化石是一致的或递变的，为连续沉积。地层的整合接触反映了在形成这两套地层的地质时期中间，该区处于地壳运动相对稳定的沉积区，或地壳运动与沉积作用处于相对平衡。测区除进行岩石地层单位之间接触关系调查外，更着重于研究系与系之间的接触关系，即主要调查 S/O、C/S、P/C 等接触关系。

第五章 侵入岩野外观察及调查要点

学习目标

掌握侵入岩的分类及结构构造。掌握侵入岩区地质调查的原则和方法。

技能目标

能够熟练应用所学知识鉴定侵入岩,掌握侵入岩野外观察及调查要点。

第一节 侵入岩分类

一、花岗岩类

Q = 石英、鳞石英、方石英

A = 碱性长石,包括正长石、微斜长石、条纹长石、歪长石、透长石和钠长石(An0 – 5)

P = 斜长石(An5 – 100)和方柱石

二、辉长岩类

辉长岩(狭义的) = 斜长石 + 单斜辉石

苏长岩 = 斜长石 + 斜方辉石

橄长岩 = 斜长石 + 橄榄石

辉长苏长岩 = 斜长石 + 几乎等量的单斜辉石和斜方辉石

斜方辉石辉长岩 = 斜长石 + 单斜辉石及少量斜方辉石

单斜辉石苏长岩 = 斜长石 + 斜方辉石及少量单斜辉石

角闪辉长岩 = 斜长石 + 角闪石 + 含量小于 50×10^{-2} 的辉石

三、辉绿岩类(见表5-1)

辉绿岩是基性浅成侵入岩。矿物成分与辉长岩类似,具辉绿结构和次辉绿结构,辉石为普通辉石、易变辉石。碱性辉绿岩的特征是含碱性辉石、碱性长石和橄榄石。

表 5-1　辉长岩类结构和种属间的关系

结构	辉绿结构			斑状结构		细粒结构
	基质具岗纹结构或含填隙石英	粗粒	细粒	基质具辉绿结构	基质具粒状结构	
岩石类型	岗纹辉绿岩、石英辉绿岩	辉长辉绿岩	辉绿岩	辉绿玢岩、碱性辉绿玢岩	辉长玢岩	微晶辉长岩

(据邱家骧,1985)

四、煌斑岩类（见表 5-2）

煌斑岩是具煌斑结构的中色亚暗色的岩石，极少数为超镁、铁质岩石。富含黑云母、角闪石或碱性闪石、辉石，有时还有霞石、黄长石。

表 5-2　煌斑岩分类简表

浅色组分		主要铁、镁矿物			
长石	副长石	黑云母、透辉—普通辉石（±橄榄石）	角闪石、透辉—普通辉石（±橄榄石）	闪石（棕闪石、钛闪石）、钛辉石、橄榄石、黑云母	黄长石、黑云母、±钛辉石、±橄榄石、±方解石
碱性长石 > 斜长石					
斜长石 > 碱性长石	长石 > 副长石	云煌岩	闪正煌岩	霞闪正煌岩	橄黄煌岩
碱性长石 > 斜长石	长石 > 副长石	云斜煌岩	闪斜煌岩	闪煌岩	黄长煌斑岩
斜长石 > 碱性长石	玻璃或副长石			沸煌岩	

（据邱家骧，1985）

五、细晶岩类（见表 5-3）

细晶岩是细晶质的浅色脉岩，以具细晶结构为特征。

表 5-3　细晶岩类命名表

岩石类型	辉长细晶岩	闪长细晶岩	斜长细晶岩	花岗细晶岩	歪正细晶岩	霓霞细晶岩
主要矿物成分	拉长石、异剥辉石	中长石、更长石、黑云母、角闪石、可含石英	更长石、石英少量	石英、钾长石、酸性斜长石、云母	碱性长石、歪长石	碱性长石、霓辉石、霞石

（据邱家骧，1985）

六、伟晶岩类

伟晶岩是粗粒或巨粒结构的脉岩。特征是矿物颗粒大，矿物共生组合复杂，具特征的文象结构、伟晶结构及晶洞、晶腺构造。根据矿物成分可进一步分为花岗伟晶岩、正长伟晶岩、霞石正长伟晶岩、闪长伟晶岩、辉长伟晶岩和辉石伟晶岩等不同类型。

第二节　侵入岩野外观察及描述要点

一、花岗岩类

(一)命名原则

在实际工作中仅根据三角图确定岩石的基本名称是不够的,一般还要根据岩石的矿物成分、结构、构造及色率进一步命名。

(1)颜色:花岗岩(灰、浅灰、含钾长石者为肉红色)、闪长岩(灰、暗灰色)、辉长辉绿岩(灰黑、黑绿、黑色)。

(2)结构:按主要矿物颗粒大小分为:

粗粒结构　　　　　　矿物颗粒直径 10～5 mm

中粒结构　　　　　　矿物颗粒直径 5～2 mm

细粒结构　　　　　　矿物颗粒直径 2～0.2 mm

微粒结构　　　　　　矿物颗粒直径 0.2～0.02 mm

隐晶质结构　　　　　矿物颗粒直径 0.02 mm

按矿物相对大小分为等粒结构、不等粒结构、斑状结构、似斑状结构。

斑状结构根据斑晶大小分为:

粗斑结构　　　　　　斑晶粒径 >5 mm

中斑结构　　　　　　斑晶粒径 2～5 mm

细斑结构　　　　　　斑晶粒径 <2 mm

斑状结构根据斑晶含量分为:

多斑状　　　　　　　斑晶含量 $>50 \times 10^{-2}$

斑状　　　　　　　　斑晶含量 $(50 \sim 10) \times 10^{-2}$

少斑状　　　　　　　斑晶含量 $(10 \sim 5) \times 10^{-2}$

含斑　　　　　　　　斑晶含量 $<5 \times 10^{-2}$

(3)构造。

块状构造:各种组分在岩石中均匀分布,无定向排列,也无特殊的聚集现象,是一种较为常见的构造。

斑杂状构造:暗色矿物呈杂乱状的斑点分布。

条带状构造:岩石中的不同结构和成分大致平行排列,由结晶分布、同化混染、脉动侵入等作用造成。

片麻状构造:岩石中的暗色矿物相间断续呈定向排列,或长石、石英明显拉长定向排列。由岩浆流动、动力变质等不同作用造成。

(4)代表性矿物:主要矿物(钾长石、斜长石、角闪石、黑云母等)、副矿物(榍石、堇青石、石榴石、紫苏辉石、磁铁矿、钛铁矿等)。

(二)观察要点

(1)石英的有无及其含量。

（2）钾长石和斜长石的相对含量，以确定其为钾长、二长、闪长或斜长岩类中的哪一类。

（3）暗色矿物种属及其含量。

（4）斑状岩石中斑晶种属和含量。

（三）接触关系

（1）超动型侵入接触（斜切式，类似于不整合，不同超单元之间的侵入体之间）。

（2）脉动型侵入接触（突变式，类似于似整合，同一超单元各单元侵入体之间）。

（3）涌动型侵入接触（隐蔽式，类似于整合，同一超单元内相邻单元侵入体之间）。

（4）过渡型接触关系（同一侵入体内部的相变）。

（四）就位机制调查

（1）应变测量：暗色包体、捕房体、长石斑晶等的三维数据。

（2）叶理、线理、节理（L型、S型、Q型）和断裂的产状。

（3）C–S组构。

（五）描述内容

（1）斑晶、基质的种类和含量，主要造岩矿物的含量和特征，副矿物的种类。

（2）岩石的结构、构造、叶理、线理和节理的产状。

（3）包体和脉岩的种类、大小、产状。

（4）界线点、岩性变化点要详细描述接触关系，附素描图并拍照。

二、脉岩

（一）脉岩的分类

（1）区域性脉岩：以暗色脉岩为主，如煌斑岩、闪长玢岩、辉绿玢岩等，在岩体和围岩中均有。

（2）专属性脉岩：以浅色脉岩为主，如细晶花岗岩、细晶岩、伟晶岩、花岗斑岩、花岗闪长斑岩等，分布上局限于岩体内部。

（二）调查内容

（1）脉岩的成分和结构构造。

（2）脉岩的形态、产状和规模。

（3）脉岩的形成时代。

第六章　火山岩野外观察及调查要点

第一节　火山岩分类

　　火山岩是指由火山作用(岩浆喷出或溢出地表)形成的岩浆岩。为细粒、隐晶质及玻璃质结构。它包括熔岩、火山碎屑岩及与火山作用有关的次火山岩。

一、火山熔岩类

　　火山岩的岩性变化比较复杂,除了斑晶外,其余部分的矿物成分很细,很难用肉眼来辨别,所以正确的定名往往需要镜下鉴定,甚至还要做化学分析,这里提到的只是利用放大镜、小刀等简单工具来鉴定火山岩,部分补充显微镜下的特征。

　　肉眼鉴定火山岩时,主要根据熔岩颜色、结构、斑晶和基质成分、熔岩构造、次生变化等方面。因为火山岩的岩性变化比较复杂,所以一定要综合考虑问题。例如火山岩的颜色主要反映原来岩浆的成分,基性熔岩的颜色一般较深,而酸性熔岩的颜色较浅。但也有例外的情况,如酸性的黑耀岩和某些流纹岩的颜色就比较深,甚至是黑色的,这取决于磁铁矿微粒的分布状态。另外,黑色的玄武岩受到强烈的次生变化后变成绿色,颜色也变得浅了,这时就需要观察其他的特征来进行判断。通常火山岩的斑晶成分十分重要,某些特征矿物的出现,如暗色熔岩中出现橄榄石斑晶的话,往往就属于玄武岩,出现似长石斑晶,则应该属于响岩类。关于熔岩进一步的分类命名,根据上面几点因素综合考虑,一般把常见的熔岩分为五类,即玄武岩类、安山岩类、粗面岩类、流纹岩类及响岩类。至于超基性的喷出岩——苦橄岩,由于很少见,同时用肉眼与一般的玄武岩也很好区别,所以不把它单独列举出来进行赘述了。现把这五类熔岩的肉眼鉴定特征,用表格的形式表示出来(见表6-1)。

表 6-1　熔岩主要类型肉眼鉴定表

鉴定特征	岩石名称				
	玄武岩（辉绿岩）	安山岩	粗面岩	流纹岩	响岩
新鲜岩石的颜色	黑绿色至黑色	灰紫色，紫红色	浅灰色，灰紫色	粉红色，浅灰紫色，灰绿色	深灰色、深灰绿色
斑晶成分	辉石和基性斜长石，有时有橄榄石	辉石，中长石，有时角闪石黑云母	透长石和黑云母，角闪石	石英和透长石	白榴石、黝方石和透长石
结构和构造	细粒至隐晶质、气孔及杏仁构造	隐晶质有时可具气孔和杏仁构造	隐晶质	隐晶质玻璃质具气孔及杏仁构造，形状不规则	隐晶质

另外还必须提出的是，有些学者还应用了测井技术来区分一些火山岩。

二、火山碎屑岩类

火山碎屑岩是火山作用形成的各种火山碎屑物质堆积后经多种方式固结形成的岩石，当该种岩石中含少量的正常沉积物时，则是火山岩与沉积岩的过渡类型。火山碎屑岩在中酸性的火山岩系中广泛发育。它在成因上具有岩浆岩和沉积岩双重特征，所以在野外描述火山碎屑岩时，颜色、成分和次生变化等方面与熔岩相似外，在结构构造上与熔岩有很大的差别，应用碎屑岩的描述方法，注意火山碎屑物的大小、成分和含量以及胶结物的性质。另一个方面，由于它的成因上具有双重性，所以它向两类岩石有一系列的过渡变种，所以进行分类命名时比熔岩要复杂。现在大多数都采用表 6-2 进行分类：

关于表 6-2 的分类作以下几点说明：

（1）正常火山碎屑岩类。火山碎屑物体积分数大于 90%，正常沉积物和熔岩物质极少，按成岩作用的方式和结构构造特点，又可分为普通火山碎屑岩、层状火山碎屑岩和熔结火山碎屑岩 3 个亚类。肉眼鉴定时应注意晶屑和斑晶的区别，这往往是区分凝灰岩和熔岩的重要标志之一，晶屑常具尖棱状，形状不完整，多半具有裂纹，或解理面成参差状，通常颗粒愈大愈清晰，而斑晶一般比较完整，有时受到溶蚀变成圆形。至于玻屑，颗粒比较细小，如胶结较紧密，与熔岩基质不易区分，但它常呈杂色小斑点，质脆且易风化表面成粉末状，使其带有粉色。

（2）向熔岩过渡的火山碎屑岩类。火山碎屑的体积分数为 10%～90%，变化较大，由熔浆胶结。碎屑熔岩类的成因多样：已固结的熔岩表壳在下部熔浆继续流动和逸出的气体产生爆炸的情况下，使表壳破碎再被熔岩胶结形成角砾熔岩和集块熔岩；爆发能量不够时，往往从火山口中抛出碎屑的同时，亦有熔岩溢出，降落于熔岩中的碎屑物质被熔岩胶结成各种碎屑熔岩；当熔岩以较大的冲力从火山口喷发时，使熔岩中的斑晶大部分破碎，形成碎屑以晶屑为主的晶屑凝灰岩；岩浆在地下的隐爆作用常使内部的斑晶破碎，亦可形成晶屑凝灰岩。凝灰岩中的碎屑以晶屑为主，也可有少量的刚性岩屑，但一般不出现玻屑。

表6-2 火山碎屑岩分类表

大类	向熔岩过渡的火山碎屑岩（火山碎屑熔岩）	正常火山碎屑岩类			向沉积岩过渡的火山碎屑岩类	
亚类		熔结火山碎屑岩亚类	普通火山碎屑岩亚类	层状火山碎屑岩亚类	沉积火山碎屑岩亚类	火山碎屑沉积岩亚类
火山碎屑物相对含量/φ_B	10%~90%	>90%			90%~50%	50%~10%
成岩作用方式	熔岩胶结	熔结状	以压实胶结为主,有部分火山灰分解物质	火山灰分解物质胶结及压实胶结	化学沉积物及黏土胶结	
火山碎屑粒度(mm)	岩石名称					
>64 (>50)	集块熔岩	熔结集块岩	集块岩	层状集块岩	沉集块岩	凝灰质砾岩
64~2 (50~2)	角砾熔岩	熔结角砾岩	火山角砾岩(火山砾角砾岩)	层状火山角砾岩	沉火山角砾岩	凝灰质砾岩
<2	凝灰熔岩	熔结凝灰岩	凝灰岩	层状凝灰岩	沉凝灰岩	凝灰质砂岩、凝灰质粉砂岩等

（据孙善平）

（3）向沉积岩过渡的火山碎屑岩类。这类火山碎屑岩由落入水盆中的火山碎屑物与正常的沉积物同时堆积形成的。岩石中正常沉积物的体积分数可达10%~90%,碎屑物由化学沉积物和黏土物质胶结,也可由压实固结。根据火山碎屑物的含量可分为沉积火山碎屑岩和火山碎屑沉积岩亚类。往往在火山碎屑物中可见到已经磨圆了的砾石和砂粒,有时还可以保存有矽化木等化石。例如河北宣化白垩纪砂砾岩中有一层流纹质层晶屑玻屑凝灰岩,除了含有不少长石石英晶屑和玻屑外,还含有较多的石灰岩和燧石等砾石,半滚圆状,大小为2~5cm,多半成小的透镜状和串珠状,底部有矽化木。又如浙江衢县英安质层凝灰岩,含有暗紫色岩屑,斜长石,石英和云母晶屑,这些物质彼此沿层面排列,另一方面混入有呈次棱角状石英碎屑和岩屑。在野外它成层状,有时细粒的层凝灰岩外貌很像硬砂岩,肉眼不易区别。

第二节　火山岩有关概念及特征

一、喷发类型及喷发相

（一）喷发类型（喷发产状）

裂隙式喷发（线状喷发）:形成熔岩被、台地、高原、锥、脊、熔渣堤等。

中心式喷发（点状喷发）:形成火山锥:①碎屑锥;②熔岩锥（盾火山）;③混合锥。

中心式火山喷发可分为:①夏威夷型,以溢流为主,火山碎屑$< 10 \times 10^{-2}$;②斯通博利型,爆发+溢流,火山碎屑$30 \times 10^{-2} \sim 50 \times 10^{-2}$,围岩碎屑$\approx 10 \times 10^{-2}$;③乌尔加诺型,以爆发为主,火山碎屑$60 \times 10^{-2} \sim 80 \times 10^{-2}$,围岩碎屑$< 10 \times 10^{-2}$;④布里尼型,强烈爆发,火山碎屑$> 90 \times 10^{-2}$,围岩碎屑$10 \times 10^{-2} \sim 25 \times 10^{-2}$。

(二)喷发相

(1)按喷发时代分为:①古相火山岩;②新相火山岩。

(2)按喷发环境分为:①陆相火山岩;②海相火山岩。

(3)按产出形态及岩石特征分为:①溢流相:绳状熔岩、渣状熔岩;②爆发相;③侵出相(中酸性、碱性岩常见);④火山颈相;⑤次(潜)火山岩;⑥火山沉积相。

二、喷发旋回及喷发韵律

(1)喷发旋回:在一个完整的火山岩系剖面中,相同或类似的韵律过程合并,大致相当于组。

(2)喷发韵律:岩相、结构、成分等呈周期性变化。

一个喷发旋回往往包含一个或一个以上的韵律。

第三节　火山岩野外调查观察要点

一、火山熔岩

(一)玄武岩

(1)颜色:均为暗色,一般为黑色,少量绿—灰绿,暗紫色。

(2)结构、构造:结构多为斑状结构,少量无斑—细粒结构,基质一般为微晶结构、玻璃质结构。

构造:常见气孔构造和杏仁构造(气孔充填石英、沸石、高岭石等),还见溶渣状构造、枕状构造(海相喷发)、绳状构造。

(3)矿物组分:斑晶常见辉石、(基性)斜长石、橄榄石、角闪石和黑云母(少见),有时还可见石英,基质成分与斑晶基本一致。

(4)次生变化:常见蚀变矿物为橄榄石、角闪石和黑云母。蛇纹石、绿泥石(中温、非氧化条件),伊丁石(低温、氧化条件)。

角闪石和黑云母:常见暗化边(由其分解为易变辉石和磁铁矿),斑晶多见溶蚀现象。

(5)命名原则:根据斑晶成分与结构、构造命名。

①斑晶矿物名称+玄武岩,如橄榄玄武岩。

②结构+玄武岩,如玻基玄武岩、粗玄岩。

③构造+玄武岩,如杏仁状玄武岩、气孔状玄武岩。

④特殊命名,如浮岩(气孔多、大小接近、手掂较轻)。

命名优先:先结构、构造,后斑晶+玄武岩,斑晶量少在前,量多在后,如辉石橄榄玄武岩(辉石<橄榄石),一般含量$> 1 \times 10^{-2}$参与命名。

（二）安山岩类

（1）颜色：紫红色、灰绿色、浅褐色。

（2）结构、构造：斑状结构，块状、气孔状、杏仁状构造。

（3）矿物成分：斜长石、角闪石、辉石、黑云母，橄榄石、石英少见。杏仁体主要为方解石、绿泥石、蛋白石、沸石等。

（4）次生变化：青盘岩化（变安山岩），颜色为绿色及绿灰色，石英岩化、高岭土化、叶腊石化等。青盘岩化与铁、铜、金、银关系密切，野外工作应注意观察，并采化学分析样品。

（5）命名原则：与玄武岩命名相似。

（三）酸性火山岩（英安岩和流纹岩）

（1）颜色：灰色、灰红色、红色。

（2）结构、构造：斑状结构，基质为隐晶质及玻璃质、流纹构造、气孔状构造。

（3）矿物成分：斑晶有石英（高温六方双锥状，具溶蚀边）、斜长石（具环带）、正长石（钾长石）、黑云母、角闪石（具暗化边），基质为火山玻璃组成。

（4）次生变化：热液作用下常形成次生石英岩（由石英、刚玉、红柱石、明矾石、高岭石、叶腊石、绢云母、水硬铝石等富铝矿物组成，可指示寻找斑岩铜—钼矿，叶腊石、高岭石、刚玉等矿产。另有绢云母化、高岭土化等蚀变）。

（5）命名。

①英安岩：暗色斑晶矿物＋英安岩，如辉石英安岩。

②流纹英安岩：比英安岩含更多钾长石斑晶，一般不再分。

③流纹岩：斑晶矿物＋结构、构造＋流纹岩。

④玻璃质流纹岩：a. 松脂岩：具松脂光泽，颜色为红、褐、浅绿、黄白、黑等。b. 黑曜岩：具玻璃光泽及贝壳状断口，颜色为黑、灰黑色。c. 珍珠岩：具珍珠状裂纹或含有球粒（直径 2～3 mm—6～8 mm），基质具流纹构造（由不同颜色玻璃质组成）。

（6）英安岩与流纹岩、流纹岩与流纹英安岩的区别：

英安岩与流纹岩的区别：前者斑晶以长石为主，石英次之，后者斑晶以高温石英为主，含量 $>10\times10^{-2}$，具流纹构造。

流纹英安岩与流纹岩野外不易区别，只能根据化学成分来区分，后者 $SiO_2>70\times10^{-2}$。

二、潜火山岩类

（一）分类

根据产状和岩石外貌有：①熔岩状潜火山岩；②浅成岩状潜火山岩；③角砾状潜火山岩，如隐爆角砾岩、侵入角砾岩、震碎角砾岩、崩塌角砾岩；④熔结凝灰岩状潜火山岩。

（二）命名

"潜"＋熔岩基本名称，如潜流纹岩。

"潜"＋与其成分相当浅成岩基本名称，如潜花岗斑岩。

角砾含量：①$10\times10^{-2}$～30×10^{-2}，含角砾潜火山岩，如含角砾潜流纹岩。②$>30\times10^{-2}$，潜火山角砾岩，如英安质潜火山角砾岩。③可用"隐爆""侵入""震碎""崩塌"替代潜火山岩，如流纹质隐爆角砾岩。

成分岩石名称 + 潜熔结凝灰岩,如英安质潜熔岩凝灰岩。

三、火山碎屑岩

火山碎屑岩的分类见表6-3。

表6-3　火山碎屑岩类岩石的分类

类	火山碎屑熔岩类	正常火山碎屑岩类		火山—沉积碎屑岩类		碎屑粒径（mm）
亚类	火山碎屑熔岩	熔结火山碎屑岩	火山碎屑岩	沉积火山碎屑岩	火山碎屑沉积岩	
火山碎屑物含量（$\times 10^{-2}$）	10~75	>75		75~50	<50~25	
胶结类型	熔浆胶结为主	熔结为主	压结为主	压结和水化学胶结		
基本岩石名称	集块熔岩	熔结集块岩	集块岩	沉集块岩	凝灰质巨角砾岩（凝灰质巨砾岩）	≥64
	角砾熔岩	熔结角砾岩	火山角砾岩	沉火山角砾岩	凝灰质角砾岩（凝灰质砾岩）	<64~2
	凝灰熔岩	熔结凝灰岩	凝灰岩	沉凝灰岩	凝灰质砂岩	<2~0.05
			细火山灰凝灰岩（火山尘凝灰岩）		凝灰质粉砂岩	<0.05~0.005
					凝灰质泥岩凝灰质页岩	<0.005

（一）火山碎屑类型与粒级划分（见表6-4）

表6-4　火山碎屑类型与粒级划分

粒度范围（mm）	破碎和堆积时的特点		
	刚性	半塑性	塑性
≥64	火山岩块	火山弹	火焰体
64~2	火山角砾	火山砾	（塑性岩屑）
2~0.05	火山砂（晶屑、岩屑）	粗火山灰（玻屑）	粗火山灰（塑性玻屑）
<0.05	细火山灰（火山尘）		

（二）三种主要碎屑物的区别

岩屑:通常 >2 mm,包括同源岩屑和外来岩屑。刚性同源岩屑及外来岩屑往往呈棱角状,少数见熔蚀现象,半塑性岩屑往往形成火山弹和火山砾。塑性同源岩屑则呈透镜状、焰舌状,可含斑晶、杏仁体等,称火焰体(浆屑)。

晶屑:多数在 0.25 ~ 2 mm,一般小于 5 mm,可分为斑晶晶屑和外来晶屑(早先斑晶碎片),常见石英、斜长石、钾长石,少量黑云母、角闪石、辉石、橄榄石少见。形态多呈棱角状,少数圆形或港湾状,石英多为不规则裂纹,长石具阶梯状裂纹,角闪石和黑云母常有暗化边,或扭折、弯曲现象。

玻屑:多数在 0.5 mm 以下,少数为 1 ~ 2 mm,形态常见有浮岩状、鸡骨状、弓形状、楔形状、撕裂状等。塑性玻屑常见似流动构造。

(三)火山碎屑岩类命名

(1)根据火山碎屑物含量和胶结类型,确定火山碎屑岩亚类名称,没有固结的称火山碎屑堆积物。

(2)火山碎屑物按粒级分集块、角砾、凝灰三级,岩石命名以全岩中相应粒级火山碎屑大于 50×10^{-2} 者作为石基本名称,如火山角砾 $> 50 \times 10^{-2}$ 称火山角砾岩,若没有任何一种粒级达到 50×10^{-2},则按前少后多原则用复合术语命名,如角砾凝灰岩。

(3)凝灰岩根据碎屑组成进一步划分,按前少后多原则命名,当三种碎屑含量相当,且均 $> 20 \times 10^{-2}$ 时,称复屑凝灰岩。

(4)命名时应尽量定出与熔岩相应的岩性并作为前缀进行命名,如流纹质、安山质凝灰岩等,或复成分火山角砾岩等。

(5)特殊命名:可根据需要,反映火山碎屑岩特殊特征,并加以修饰。如异源火山角砾岩(突出异源碎屑)、火山弹角砾岩(反映特定形态和内部构造)、球泡熔结凝灰岩(特征结构、构造)、层状凝灰岩(火山碎屑成层堆积)、岩颈角砾岩(反映产出状态)、空落凝灰岩、湖积凝灰岩等。

第四节 野外观察记录要点

(1)按颜色指数 35×10^{-2}(V/V)大致区分玄武岩和安山岩,$> 35 \times 10^{-2}$ 为玄武岩,$< 35 \times 10^{-2}$ 为安山岩。

(2)注意观察火山熔岩斑晶矿物种类、含量,岩石中是否由包体及其物质组成、是否有杏仁体,杏仁体的成分、含量(约占气孔总数%)。

(3)火山熔岩(玄武岩)的示顶(底)特征:

①气孔状熔岩顶、底、中部气孔特征不一,如表6-5所示。

②气孔状熔岩中气孔拖尾(出气口)指示上部。

③半充填杏仁状熔岩中杏仁体位于下部。

④风化壳、氧化顶(红色气孔带)指示顶部。

⑤层状火山碎屑岩同一韵律层,粒级变化往往为上细下粗。

表 6-5　气孔状熔岩顶、底、中部气孔特征

相	顶板	底	中部
气孔带颜色	红、紫红	褐红、褐灰	黑
气孔带厚度	大	小	少气孔、不成带
气孔形状	圆、椭圆、不规则状	扁圆、长扁圆形	圆形
气孔长径	小	大(最大)	较大
气孔含量	多	少	最少
岩石体重	小	大	中等
气孔次生充填	不发育	很发育	较发育

（4）火山口观察除观察火山口大小、形状、深度、有无火山口垣、火山熔岩流出口等（完整的应拍照、素描）外，还应注意区分火山颈相、次火山相（或侵出相）岩石。火山颈相及次火山相往往具冷凝边或烘烤边，柱状节理发育。岩铸内接触带常见围岩捕掳体,岩穿发育穿形 L 节理及垂直张性节理。

（5）对火山碎屑岩的调查首先应查清其产状（成层或杂乱堆积），调查层状火山岩是否夹在火山熔岩中还是沉积岩中，初步判断是陆相还是水下堆积，调查火山岩中的沉积夹层及夹层有无古生物，一般对泥碳质—粉砂质夹层应采集微古生物鉴定样品。其次还应注意火山碎屑物成分和粒度在纵向和横向的变化规律，一般纵向上表现为上细下粗，上酸性（长石、石英、富玻璃质）下基性（富铁镁矿物）；横向上表现为靠近喷发中心粒度较大、远离喷发中心粒度较小。另外，还应注意有无特殊颜色或结构、构造等。

（6）应注意辨别火山碎屑物的来源（同源或异源）。

（7）调查火山熔岩产状除以上介绍的示顶（底）特征来确定外，还可通过其中夹层或特殊物质层来确定。

（8）面上填图应注意火山熔岩流的流动方向。可通过研究火山岩的流动构造、气孔排列方向（长轴与水平面夹角方向为流动方向）、半充填气孔及多次充填晶洞面产状确定。

（9）注意寻找与火山岩有关的矿产，如巨晶矿物中刚玉、橄榄石等可作宝石矿；凝灰岩中常见有色金属和稀有、放射性元素充填于裂隙或孔隙中；纯质的流纹质凝灰岩可作抗硅酸盐水泥混合材料等。

第七章　变质岩野外观察及调查要点

　　按变质作用类型和成因,变质岩分为区域变质岩、接触变质岩、动力变质岩、气—液蚀变岩和混合岩。

第一节　区域变质岩野外观察及调查要点

一、区域变质岩分类

　　区域变质岩的野外分类主要根据岩石中矿物成分、含量及结构、构造等特征划分,常见岩石类型见表7-1。

表 7-1　常见区域变质岩的岩石类型及特征

岩石类型	矿物成分	结构构造	原岩类型
板岩	原岩成分没有发生明显的重结晶,见有少量细小石英、绢云母、绿泥石等新生矿物	变余结构,板状构造	泥质岩、泥质粉砂岩、钙质泥质岩
千枚岩	主要为细小绢云母、绿泥石、石英、钠长石,其次为少量黑云母微晶及硬绿泥石、方解石、锰石榴石等	显微鳞片变晶结构、显微粒状变晶结构、斑状变晶结构,千枚状构造	泥质岩、粉砂岩、石英质泥质岩
片岩	黑云母、白云母、斜长石、钾长石、石英、白泥石、红帘石、普通角闪石、蛇纹石、阳起石等	粒状变晶结构、鳞片变晶结构、柱(纤)状变晶结构,片状构造	泥质岩、粉砂岩、砂岩、泥灰岩、酸—基性火山岩
片麻岩	斜长石、钾长石、石英、普通角闪石、辉石、黑云母、白云母等	鳞片粒状变晶结构、柱粒状变晶结构,片麻状构造	泥质岩、砂岩、中酸性火山岩
变粒岩	主要由钾长石、斜长石和石英组成,其次为黑云母、角闪石、辉石、白云母等	粒状变晶结构,块状构造	砂岩、中酸性火山岩

续表 7-1

岩石类型	矿物成分	结构构造	原岩类型
石英岩	主要为石英，其次为长石、云母、绿泥石、角闪石等	粒状变晶结构，块状构造	石英砂岩、长石石英砂岩、中酸性火山岩
角闪岩	主要由角闪石和斜长石组成，其次为少量石英、黑云母、绿帘石、透辉石等	柱粒状变晶结构，块状构造	基性火山岩
大理岩	主要由方解石和白云石组成，其次为少量透闪石、透辉石、方柱石、云母、斜长石、石英等	粒状变晶结构，块状构造、条带状构造	钙质—镁质碳酸盐岩
钙硅酸盐岩	透辉石、透闪石、硅灰石、石榴石、云母、长石、方解石、石英等	柱粒状变晶结构，块状构造、条带状构造	不纯的钙质岩石

注：各类岩石的具体分类及命名见《岩石分类和命名方案　变质岩岩石的分类和命名方案》（GB/T 17412.3—1998）。

二、区域变质岩命名一般原则

区域变质岩岩石名称构成：附加修饰词 + 基本名称。

（1）基本名称反映岩石的基本特征，具一定的矿物组成、含量及结构、构造特征。

（2）附加修饰词主要包括次要矿物、特征变质矿物、结构、构造及颜色。

①次要矿物作为附加修饰词的规定。

a. 矿物含量为 $5 \times 10^{-2} \sim 10 \times 10^{-2}$ 时，加"含"字前缀。

b. 矿物含量大于 10×10^{-2} 时，直接作为附加修饰词。

c. 多种矿物含量大于 10×10^{-2} 时，选 2 ~ 3 种较为重要的矿物，按含量多少顺序（少前多后）排列。

②特征变质矿物作为附加修饰词的规定。

a. 含量小于 5×10^{-2} 时，加"含"字前缀。

b. 含量大于 5×10^{-2} 时，直接作为附加修饰词。

c. 当岩石中存在两种以上特征变质矿物时，一般选择最晚或具有重要意义的矿物作为附加修饰词。

③区域变质岩的结构。

a. 变余结构。指变质岩中，由于变质结晶作用不彻底，仍保留原岩的结构，如变余砂状结构、变余泥质结构、变余砾状结构。

b. 变晶结构。按矿物粒度大小分为：

粗粒变晶结构	≥3 mm
中粒变晶结构	3 ~ 1 mm
细粒变晶结构	1 ~ 0.1 mm
显微变晶结构	<0.1 mm

按变晶矿物的形态分为：粒状变晶结构（花岗变晶结构），镶嵌粒状变晶结构，鳞片变晶结构，纤状变晶结构，针、柱状变晶结构，毛发状变晶结构。

c. 交代结构。是由交代作用形成的结构，如交代假象结构、交代蠕英结构、交代条纹结构、交代净边结构等。

④区域变质岩的构造。

a.变余构造。指变质岩中仍保留原构造特点,如变余层理构造、变余结核构造、变余流纹状构造等。

b.变成构造。指变质结晶和重结晶所形成的构造,常见类型有斑点状构造、板状构造、千枚状构造、片状构造、片麻状构造、块状构造等。

三、观察要点

(1)变质矿物的种类、含量及其特征。

(2)岩石的结构、构造特征。

(3)变质岩区变形特征。

①了解面理(破劈理、压溶劈理、板劈理、折劈理、片理、片麻理)的类型,测量其产状,并判别面理置换型式(“W”型、“N”型、“I”型)及面理期次。

②了解线理(交面线形、褶纹线理、拉伸线理、石“香肠”构造、杆状构造等)的类型、成分、规模,测量其产状,并判别线理期次。

③了解小褶皱(片内无根型、强揉皱型、箱型、开阔型等)的类型、形态、规模,测量轴面与两翼的产状,注重对叠加褶皱及期次的判别。

第二节 接触变质岩野外观察及调查要点

一、接触变质岩分类

按岩石成因分为热接触变质岩和接触交代变质岩。

(一)热接触变质岩

按主要矿物成分及结构特征,常见角岩类的岩石类型划分见表7-2。

表7-2 角岩类的岩石类型划分

岩石类型	矿物成分	结构构造	原岩类型
云母角岩	主要为云母、长石和石英,云母呈较大的等轴状鳞片,杂乱分布,通常出现红柱石、堇青石、石榴石、矽线石、刚玉等特征变质矿物	鳞片粒状变晶结构,块状构造	泥质岩、泥质粉砂岩
长英角岩	主要矿物为长石和石英,可含少量云母、红柱石、堇青石、石榴石、矽线石、透辉石等	角岩结构,块状构造	长石石英砂岩、酸性火山熔岩和凝灰岩
钙硅角岩	通常为石榴石(钙铝榴石—钙铁榴石)、透辉石、透闪石、阳起石、斜长石、符山石、石英、方解石等	粒状变晶结构,致密块状构造、条带状构造	泥灰岩
基性角岩	主要矿物为透辉石、基性斜长石、石英。有时有少量石榴石、黑云母、角闪石,较低温时出现阳起石、帘石类矿物	粒状变晶结构,斑状变晶结构,致密块状构造	基性和中性火山岩
镁质角岩	主要矿物为镁橄榄石、紫苏辉石、直闪石、镁铁闪石、堇青石、绿泥石等	粒状变晶结构,块状构造	蛇纹岩、硅质白云岩

(二)接触交代变质岩

按主要组成矿物的化学成分特点进行划分,矽卡岩类主要岩石类型划分见表7-3。

表7-3　矽卡岩类主要岩石类型划分

岩石类型		矿物成分	结构构造	原岩类型
钙质矽卡岩类	石榴矽卡岩	主要由钙铝榴石—钙铁榴石系列的石榴石组成	细、中、粗、巨粒状变晶结构。较大的石榴石晶体常具光性异常和环带结构,块状构造	中酸性侵入岩与钙质碳酸盐岩接触带
	透辉矽卡岩	主要由透辉石—钙铁辉石系列的辉石组成	细、中、粗、巨粒状变晶结构或柱状、放射状变晶结构,块状构造	
	符山矽卡岩	主要由符山石组成	柱状、帚状或放射状变晶结构,块状构造	
	硅灰石矽卡岩	主要由硅灰石组成	柱状、放射状、束状或纤状变晶结构,块状构造	
	锰质矽卡岩	主要由锰、铁、钙、硅酸盐矿物组成。常见矿物有锰铝榴石、锰钙辉石、锰黑柱石、锰硅灰石等	柱状、粒状变晶结构,块状构造	
镁质矽卡岩类	镁橄榄石矽卡岩	完全由镁橄榄石组成的矽卡岩少见。镁橄榄石常呈浸染状分布,并与透辉石、硅镁石、尖晶石等矿物伴生	粒状变晶结构,斑杂状构造	中酸性侵入岩与镁质碳酸盐岩接触带
	粒硅镁石矽卡岩	由粒硅镁石(或斜硅镁石、硅镁石)组成的单矿物矽卡岩少见,常伴生有镁橄榄石、透辉石、顽火辉石、尖晶石等	粒状变晶结构,斑杂状构造	
	尖晶石矽卡岩	一般不形成单矿物尖晶石矽卡岩,而常与镁橄榄石、透辉石等矿物伴生	粒状变晶结构,斑杂状构造	

二、接触变质岩观察及描述要点

(一)命名原则

1. 角岩类岩石的命名

(1)云母角岩和长英角岩的命名按特征变质矿物＋次要矿物＋基本名称,例如红柱云母角岩、矽线长英角岩。

(2)钙硅角岩、基性角岩和镁质角岩的命名按特征变质矿物＋次要矿物＋主要矿物＋角岩,例如石榴符山角岩、斜长透辉角岩、紫苏镁橄角岩。

2. 矽卡岩类岩石的命名

(1)矽卡岩类岩石的命名按次要矿物＋主要矿物＋矽卡岩,例如透辉石榴矽卡岩、尖晶镁橄矽卡岩。

（2）矽卡岩经后期热液交代作用,原石榴石、透辉石等矿物,被透闪石、阳起石、帘石类、斧石、硅硼钙石、绿泥石、方解石以及某些金属矿物交代,形成复杂矽卡岩和含矿矽卡岩,例如绿帘石榴矽卡岩、磁铁透辉矽卡岩。

（二）观察要点

（1）岩石的矿物成分、含量及结构构造特征。

（2）围岩的成分、结构构造特征及裂隙的发育程度。

（3）接触带的形态、规模及接触带内岩性变化情况。

第三节 气—液蚀变岩野外观察及调查要点

一、气—液蚀变岩分类

以蚀变矿物或蚀变矿物组合为基础,气—液蚀变岩类主要岩石类型划分见表7-4。

表7-4 气—液蚀变岩类主要岩石类型划分

岩石类型	蚀变矿物	结构构造	原岩类型	蚀变性质
蛇纹岩类	主要为蛇纹石（叶蛇纹石、纤蛇纹石、胶蛇纹石等）,其他矿物有磁铁矿、钛铁矿、水镁石、尖晶石、透闪石、阳起石、直闪石、金云母、滑石及碳酸盐矿物	交代残留结构、交代假象结构、网环结构,块状构造	超镁铁质岩（橄榄岩类、辉石岩类）、白云岩、白云质灰岩等	蛇纹石化属中低温（<400 ℃）热液蚀变
青磐岩类	主要为绿泥石、绿帘石、阳起石、钠长石、碳酸盐矿物（方解石、白云石、铁白云石等）,其次有绢云母、石英、黄铁矿及其他金属硫化物	显微细粒变晶结构、变余斑状结构、变余安山结构、变余火山碎屑结构,块状构造	中性—基性火山岩	青磐岩化属中低温热液蚀变,是钠长石化、阳起石化、绿帘石化、绿泥石化及碳酸盐化等的综合作用
云英岩类	主要由浅色云母（白云母、锂云母、铁锂云母等）、石英以及黄玉、萤石、锡石、电气石、磷灰石等矿物组成	粒状磷片变晶结构、鳞片粒状变晶结构,块状构造	花岗岩类	云英岩化属气化高温热液蚀变
黄铁绢英岩类	主要由绢云母、石英和黄铁矿组成,有时含钾长石、钠长石、绿泥石、铁白云石等	细粒至显微粒状鳞片变晶结构、鳞片粒状变晶结构,块状构造	酸性—中酸性浅成岩、超浅成岩	黄铁绢英岩化是一种中低温（100～400 ℃,0.015～0.020 GPa）热液蚀变
次生石英岩类	主要矿物为石英和绢云母、明矾石、高岭石、红柱石、水铝石、叶蜡石,次要矿物有刚玉、黄玉、电气石、蓝线石和氯黄晶等	显微鳞片粒状变晶结构、细粒粒状变晶结构、交代假象结构,致密块状构造	中酸性火山岩、潜火山岩	在火山硫质喷气和热液影响下发生的硅化作用

二、气—液蚀变岩野外观察及描述要点

（一）命名原则

（1）可恢复原岩的气—液蚀变岩,命名按蚀变作用种类＋原岩名称。可根据蚀变作用的强弱程度划分为四个等级,见表7-5。

表7-5　气—液蚀变岩类岩石的命名

岩石类型	新生矿物（$\times 10^{-2}$）	原岩结构构造	命名方式	举例
弱蚀变岩类	5～25	基本保留	弱××化＋原岩名称	弱蛇纹石化方辉橄榄岩、弱绿泥石化安山岩
中蚀变岩类	25～50	大部分保留	××化＋原岩名称	蛇纹石化方辉橄榄岩、绿泥石化安山岩
强蚀变岩类	50～90	部分保留	强××化＋原岩名称	强蛇纹石化方辉橄榄岩、强青磐岩化安山岩
全蚀变岩类	＞90	交代假象结构	全××化＋原岩名称	全蛇纹石化方辉橄榄岩

（2）不能或很难恢复原岩的气—液蚀变岩（全蚀变岩类）,可按主要蚀变矿物或蚀变矿物组合直接命名,例如叶蛇纹石岩、磁铁金云蛇纹岩。

（3）具有专用名称（基本名称）的气—液蚀变岩,不能或很难恢复原岩时,命名按主要蚀变矿物或蚀变矿物组合＋蚀变岩基本名称,例如绿帘青盘岩、刚玉红柱次生石英岩。

（二）观察要点

（1）岩石的矿物成分、含量及结构、构造特征。

（2）岩石的空间分布情况及规模、形态。

（3）岩石成因及与围岩的关系。

第四节　混合岩野外观察及调查要点

一、混合岩分类

按残留的原来变质岩"基体"和新生的浅色花岗质"脉体"之间的量比及其交生关系所反映的结构构造特征,可将混合岩分为三类,见表7-6。

表7-6　混合岩类的岩石类型划分

岩石类型	脉体（$\times 10^{-2}$）	结构构造	混合岩化程度
混合质变质岩类	＜15	基本保留原来变质岩的结构构造,原岩矿物成分变化不大,特点是出现分活化和交代作用,零星分布有长英质、伟晶质、花岗质等细脉或交代斑晶	弱
混合岩类	≥15	原变质岩的镶嵌粒状变晶结构一般已被破坏,出现各种交代结构。按"脉体"与"基体"之间的量比及交生关系,可以构成不同的构造形态特点,如角砾状、眼球状、条带状、条痕状、片麻状等	中等强烈
混合花岗岩类		结构和组分比较均匀,可见各种交代结构,可见残留的阴影构造和不明显的片麻状构造,常含有原变质岩的残留体	很强烈

二、野外观察及调查要点

(一)命名原则

(1)混合质变质岩的命名按脉体＋混合质＋原变质岩名称,例如长英质细脉混合质黑云片岩。

(2)混合岩的命名分两种情况:

①当混合岩化作用较弱(脉体含量小于 50×10^{-2})时,"脉体"和"基体"界线清楚或比较清楚,命名按脉体＋基体＋构造形态＋混合岩,例如长英质斜长角闪角砾状混合岩。

②当混合岩化作用比较强烈(脉体含量大于 50×10^{-2})时,"基体"已不保留原有矿物成分和结构构造特征,"脉体"和"基体"之间界线趋于消失,命名按暗色矿物＋构造形态＋混合岩,例如黑云条带状混合岩。

(3)混合花岗岩的命名按暗色矿物＋长石种类＋混合花岗岩,例如黑云二长混合花岗岩。

(二)观察要点

(1)脉体和基体的成分、含量及其特征。

(2)岩石的结构(粒状变晶结构、花岗变晶结构、镶嵌粒状变晶结构)、构造(片麻状、角砾状、眼球状、条带状、条痕状)特征。

(3)岩石的构造变形特征。

第八章　构造地质野外观察及调查要点

知识目标

　　掌握褶皱调查、断层调查、节理调查、劈理调查、线理调查的原则和方法。掌握构造变形分析。

技能目标

　　应用所学方法开展构造地质调查工作。

第一节　褶皱调查

一、褶皱的分类和描述

(一) 褶皱位态分类

褶皱在空间的产出位态主要取决于轴面和枢纽的产状,根据轴面倾角和枢纽倾角将褶皱分成七种类型。

(1) 直立水平褶皱:轴面近于直立(倾角 90°~80°),枢纽近于水平(0°~10°)。

(2) 直立倾状褶皱:轴面近于直立(倾角 90°~80°),枢纽倾伏角 10°~70°。

(3) 倾竖褶皱:轴面和枢纽均近于直立。

(4) 斜歪水平褶皱:轴面倾斜(倾角 80°~20°),枢纽近于水平。

(5) 斜歪倾状褶皱:轴面倾斜,枢纽倾伏。

(6) 平卧褶皱:轴面和枢纽近于水平。

(7) 斜卧褶皱:轴面和枢纽的倾向和倾角基本一致,轴面倾角 20°~80°。

(二) 褶皱的形态分类

主要根据各褶皱形态的相互关系和褶皱层的厚度变化对褶皱进行分类。

(1) 根据褶皱的各褶皱层的厚度变化可将褶皱分为:①平行褶皱;②相似褶皱。

(2) J. G. Ramsay(1967)根据在褶皱横截面(垂直于枢纽的褶皱剖面)上褶皱层厚度变化和等倾斜线型式所反映出来的褶皱面曲率变化特征来划分褶皱类型。他依据褶皱层的等倾斜线型和变化参数所反映的相邻褶皱面曲率关系,将褶皱分为三类五型。

(3) 除上述几种褶皱的主要分类外,为了便于对褶皱的描述,可以根据褶皱两翼之间的夹角(翼间角)大小,将褶皱描述为平缓(180°~120°)、开阔(120°~70°)、中常(70°~30°)、紧闭(30°~5°)和等斜(5°~0°)褶皱;也可以根据褶皱转折端的形态将褶皱描述为圆弧(滑)、尖棱、箭状褶皱和挠曲。

二、褶皱的调查内容及要求

（一）褶皱要素和几何形态的观测

（1）要注意测量：①褶皱两翼的产状；②褶皱枢纽的产状；③定量或定性地确定轴产状；④翼间角的大小。

（2）要注意观察描述：①转折端的形态；②各褶皱层的厚度变化（从翼部到转折端）；③各褶皱面弯曲的协调性；④褶皱的对称性。

对一些典型的褶皱要进行素描和照相，用褶皱形态（兰姆赛几何形态分类）分析用的照片，必须要垂直拍摄。

（二）褶皱从属构造的调查

收集与大型褶皱有成因联系的从属小构造，是褶皱成因分析中必不可少的内容。所以，在调查过程中，要注意观察、测量和描述以下构造现象：

（1）从属褶皱：测量从属褶皱的两翼产状、轴面产状、枢纽产状；

（2）测量节理、裂隙及小断裂的产状，描述与褶皱之间的关系；

（3）观测层间滑动擦痕产状、破碎的规模及运动方向；

（4）观测劈理及线理产状、分布型式及与褶皱的关系。

需要指出的是，中等尺度以上的褶皱通过填图才能在平面上反映出来，调查时，应在褶皱的倾伏（或扬起）部位设计路线或观察点，并标绘所测岩层产状（或枢纽产状）。

（三）叠加褶皱调查

构造复合：一般意义上的构造复合是指形成时间先后的构造形迹（或构造体系），它们的形态特征、规模大小、力学性质、生成序次可以各有所异，但构造变形时期不同，在共同涉及的地域内彼此的主干构造之间相互结合或干扰的关系。例如断层间的切割、褶皱间的叠加、节理的交织、劈理的置换等，都是构造复合的表现。根据地质力学的观点，把构造形迹（或构造体系）间的复合现象归纳为四种基本方式，即归并、交接（包括重接、斜接、反接、截接、限制）、包容和重叠。

复合叠加褶皱的野外观察识别和鉴别主要标志如下：

（1）重褶现象：在褶皱的同一切面上不仅有先存褶皱轴面的重新弯曲，而且还有相应的双重转折，使褶皱呈钩状。在褶皱范围内出现双重的褶皱要素。

（2）新生构造有规律的弯曲：新生面理或线理一般代表一期构造变形。它们有规律的弯曲，一般意味着新生褶皱变形面在新的构造应力场的又一次变形。

（3）两组不同类型的不同方位的面理或线理有规律地交切以及陡倾或倾竖褶皱的广泛发育，也是判别叠加褶皱的标志之一。此外，研究大型褶皱的转折端具有重要意义，因为褶皱叠加现象在这里显示最为明显。

第二节　断层调查

断层包括逆断层、正断层、平移断层。逆断层有高角度逆断层、低角度逆断层、逆冲断层；平移断层分为右旋平移断层、左旋平移断层。

一、断层分类和有关术语

平移—逆断层：以逆断层为主，兼平移性质。

平移—正断层：以正断层为主，兼平移性质。

逆—平移断层：以平移为主，兼逆断层性质。

正—平移断层：以平移为主，兼正断层性质。

枢纽断层：断层的一侧以垂直于断层面的轴为枢纽而发生过旋转运动的断层。

高角度逆断层：是指倾斜陡峻、倾角一般大于45°的逆断层。

低角度逆断层：是指断层倾角一般小于45°（一般认为在30°左右）的逆断层。

逆冲断层：是指位移显著、角度低缓的逆断层，一般在30°左右或更小，位移量一般在数千米（通常指5 km）。

推覆体：在角度十分低缓的逆冲断层上推移距离在数千米（通常指5 km）以上的平板状外来岩体（系）。

逆冲推覆构造（推覆构造）：包括逆冲断层，又包括外来岩体在内的整个构造。

剥离断层：是伸展构造区一种平缓产出的铲状大型正断层，并且往往伴生以变质核杂岩体，剥离断层之上为剥离上盘，其下为剥离下盘；上剥离盘是一套浅层次的正断层组合，下剥离盘为变质核杂岩。

变质核杂岩：是由古老片麻岩等组成的穹状隆起，外形近圆形（或椭圆形、卵形），以剥离断层为界与沉积盖层分开，顶部剥离断层接触带是一条由糜棱岩组成的韧性剪切带。

滑脱构造：是指顺一条相对原生面（如不整合面、重要岩系或岩性界面等）发生剪切滑动，滑动面上下盘的岩系各自独立变形，或造成地层缺失的构造，它是伸展（或重力）体制下形成的低角度断层。

走向滑动断层（走滑断层）：指大型平移断层，两盘顺直立断层面相对水平滑动。

二、断层调查方法及内容

（一）调查方法

采用大、中、小构造相结合，遥感解译与实地观察相结合的方法，首先确定断层是否存在，然后进一步收集有关资料。断层证据主要有：

（1）地貌标志（断层崖、断层三角面、错断的山脊、水系、泉水的带状分布等）；

（2）构造标志（线状或面状地质体的突然中断和错开、构造线不连续、岩层产状急变、节理化和劈理化窄带的突然出现、小褶皱剧增以及挤压破碎、擦痕等）；

（3）地层标志（地层的缺失或不对称重复）；

（4）岩浆活动和矿化作用（岩矿、矿化带或硅化等热液蚀变带沿一条线断续分布）；

（5）岩相厚度标志（岩相和厚度的显著差异）。

（二）调查内容

（1）断层两盘的地层及其产状变化；

（2）断层面产状（直接测量、根据断层"V"字形法判定，借助于伴生构造判定）；

（3）断层两盘的相对运动方向（主要根据两盘地层的新老关系、牵引褶皱、擦痕、阶步、羽状节理、两侧小褶皱、断层角砾岩等）；

（4）断层破碎带的宽度；

（5）断层岩类型；

（6）断层的组合形式（如正断层的地堑和地垒、阶梯状断层、箕状构造，逆断层的单冲型、背冲型、对冲型、楔冲型、双冲构造）。

对一些裸露好的断层面及指向性构造要进行素描和照相。在野外,可根据手标本观察,初步进行分类定名,并采集定向标本,必要时可采集包体测温和透射电镜等样品。

对多期活动的断层,要注意观察各期活动的力学性质、相互关系和形成时代。

三、断层岩分类

断层岩是断层两盘岩石在断层作用中被改造形成的具有特征性结构构造和矿物成分的岩石。断层(剪切带)从产出的构造层次上分为脆性断层和韧性断层,断层岩也相应分为碎裂岩系列和糜棱岩系列(见表8-1)。

表8-1　断层岩分类

岩石系列	岩石类型		碎块粒径（mm）	基质含量（×10⁻²）	结构	构造
碎裂岩系列	压碎角砾岩类	压碎角砾岩	>2		压碎角砾结构。角砾呈尖棱角状,大小悬殊,杂乱排列。胶结物常为铁质、硅质、碳酸盐等	无定向
		圆化角砾岩	>2		圆化角砾结构。角砾呈次棱角状、次圆状,胶结物为碾碎的更细的碎屑和碎粒物质	有时略显定向
	碎裂岩类	碎裂岩化岩石	>2	<10	碎裂化结构。轻微破碎,裂纹较多,但裂隙中充填物较少。原岩结构尚能辨认	无定向
		碎裂岩	>2	10~50	碎裂结构。碎块间没有明显相对位移,外形相互适应。裂隙常为磨细物质或次生铁质、硅质、碳酸盐充填	无定向
		碎斑岩	2~0.5	50~90	碎斑结构。残留的较大矿物碎斑常孤立地被碎粒物质包围	无定向
		碎粒岩	0.5~0.02	90~100	碎粒结构。岩石中矿物几乎全部被碾碎成碎粒级(0.1~0.02 mm)物质	无定向
		超碎裂岩	<0.02	90~100	碎粉结构。岩石几乎全被碾碎成碎粉级(<0.02 mm)物质	无定向
糜棱岩系列	糜棱岩类	糜棱岩化岩石		<10	糜棱岩化结构,残留原岩结构。糜棱岩化碎细物质沿碎斑透镜体之间分布	定向构造
		初糜棱岩		10~50	糜棱结构,残留原岩结构。碎斑不同程度圆化,常孤立地分布在由碎细物质组成的条纹或条带中	定向构造(条带状、眼球状构造)
		糜棱岩		50~90	糜棱结构,碎斑结构。碎斑圆化程度增高,呈眼球状、透镜状,矿物的各种变形结构构造发育。碎细基质常形成不同颜色、粒度和矿物成分的条纹、条带或透镜条带,显示特征的流动构造	定向构造(眼球状、片麻状构造)

续表 8-1

岩石系列	岩石类型	碎块粒径（mm）	基质含量（×10⁻²）	结构	构造
糜棱岩系列	糜棱岩类	超糜棱岩	>90~100	超糜棱结构。无或很少碎斑。碎细物质粒度多小于 0.02 mm，呈霏细状，具不同颜色和成分的条纹或条带,显示强烈流动构造	定向构造（流动构造）
		千糜岩	<50	显微鳞片粒状变晶结构,千糜结构。新生成较多的绢云母、绿泥石、透闪石、阳起石、绿帘石等含水矿物。碎细的粒状矿物常聚集成条带或透镜体分布	千枚状构造
		变晶糜棱岩	<100	变余糜棱结构。新生成较多的绢云母、绿泥石,石英已重结晶成粗大晶粒	定向构造（流动构造）
	构造片岩类	构造片岩	<100	粒状鳞片变晶结构。新生矿物主要为绢云母、绿泥石;石英发生动态重结晶,与片状矿物相间定向排列	片状构造
		构造片麻岩	<100	鳞片粒状变晶结构。粒状矿物变形明显,发生动态重结晶,并与片状矿物相间定向排列	片麻状构造

注：基质含量列中"重结晶程度"纵向贯穿变晶糜棱岩、构造片岩、构造片麻岩三行。

（一）碎裂岩类岩石的命名

（1）压碎角砾岩的命名：角砾（原岩）成分＋压碎角砾岩基本名称，例如安山质压碎角砾岩。

（2）碎裂岩的命名，当原岩性质可以确定时，命名：次生结构＋原岩名称，例如碎裂花岗岩。当原岩性质不能确定时，命名：主要矿物成分（或原岩成分）＋碎裂岩基本名称，例如花岗质碎斑岩、长英质碎粒岩。

（二）糜棱岩类岩石的命名

（1）糜棱岩化岩石的命名：次生结构＋原岩名称，例如糜棱岩化花岗岩。

（2）糜棱岩的命名：主要矿物或矿物组合（或原岩性质）＋糜棱岩基本名称，例如花岗质初糜棱岩、长英质糜棱岩。

（3）千糜岩的命名：新生矿物或矿物组合＋千糜岩，例如绢云千糜岩。

第三节　节理、劈理和线理调查

一、节理调查

节理是岩石中没有明显位移的断裂，对节理研究有助于分析大一级构造成因机制和恢复古构造应力场。在调查过程中应注意观测和描述以下主要内容：

（1）节理的产状；

（2）节理的性质及节理的特征；

（3）节理的分期配套；

（4）节理的充填情况（注意含矿性）；

（5）节理与层理及大构造关系；

（6）节理组合形式。

必要时作节理统计，为应力场分析提供资料。

除节理调查外，还要注意观测缝合线构造。缝合线可分为与层面平行和与层面斜交两种，后者可能与区域最大主应力方向垂直，在一定程度上有助于分析区域构造应力场。

二、劈理调查

（一）劈理分类

根据肉眼是否可以鉴别出劈理域和微劈石，把劈理分成不连续劈理和连续劈理两大类型。根据矿物粒径的大小、劈理域的形态及劈理和微劈石的关系再进行细分。其分类如下：

（1）劈理：连续劈理、不连续劈理。

（2）连续劈理：板劈理、千枚理、片理。

（3）不连续劈理：褶劈理、间隔劈理。

（4）褶劈理：带状褶劈理、分隔褶劈理。

（二）劈理观测内容

（1）描述劈理的性质，区分劈理的类型。

（2）测量劈理与层理的产状及其夹角。

（3）注意应变测理标志。

（4）观测描述劈理与劈理之间的先后顺序，为便于描述可用 S_1、S_2 标示。

（5）描述劈理与其他构造之间的关系。

（6）描述劈理域和劈石的特征。

三、线理调查

（一）线理分类

线理：小型线理、大型线理。

小型线理：拉伸线理、矿物生长线理、皱纹线理、交面线理。前两者为 A 型线理，后两者为 B 型线理。

大型线理：石"香肠"构造、窗棂构造、杆状构造、铅笔构造、压力影构造（A 型线理），前三者为 B 型线理。

石"香肠"构造：矩形、梯形、藕节状、不规则状等。

（二）线理观测内容

（1）确定线理类型，特别注意其与运动面之间的关系，研究线理所在的构造面的性质。

（2）测量线理的空间产状及所在的构造面的产状关系。

（3）分析确定线理产出的构造部位，与所属大构造的几何关系，为研究分析大构造的运动、力学性质及成因机制提供依据。劈理和线理的观测常需配合室内显微或超显微尺度的研究，因而需采集适当的定向样品。

第四节　构造变形相与变形相序列

在岩石变形过程中，同一构造事件所产生的构造变形群落具明显的分带性，并与深、中、浅三个构造层次相对应。例如岩石的宏观变形机制——脆性剪切、弯曲滑动、固态流变和深熔重结晶流动，就分别对应着从浅表到深部构造层次的变形环境。构造变形相是岩石在地壳运动过程中一定变形环境的构造表现，是一定物理化学条件范围内形成的各种岩层和岩体以某一变形机制的变形为主导的变形构造的共生组合。构造群落代表地质体在同一变形条件下所产生的那些具有生成联系并组合成一个统一整体的各种构造形迹的总和。用以从构造生态的角度来阐明同一变形环境中产生的构造形迹之间的相互关系。变形相序列指前后相继的变形转换在同一变形地质体中构成的不同构造群落的叠加顺序。

第九章　区域矿产调查基本要求

> **知识目标**
>
> 掌握区域矿产调查的原则和方法,熟悉区域矿产调查国标规范。
>
> **技能目标**
>
> 矿化信息的识别和记录。

第一节　收集区内已知的矿产信息

收集已知的矿产信息,对其进行检查,弄清矿化范围、矿体形态、产状、规模、含矿围岩、成矿地质条件等,分析矿产分布规律,以达到以矿找矿、以点代面的效果,同时还可以确定成矿靶区,为以后的找矿工作打下基础。

第二节　野外找矿标志的识别、观察和记录

一、直接找矿标志

直接找矿标志包括矿产的原生露头、氧化露头(最主要的为铁帽、风化壳)、旧矿遗迹等。"铁帽"是含硫化物的矿体在地表受风化作用后,金属硫化物变成氧化物、碳酸盐、硫酸盐等溶液,向矿体下部及四周岩石中迁移,另一部分难溶的化合物如三氧化二铁,便形成褐铁矿在原地堆积起来形成"铁帽"。风化壳是一些特殊矿的氧化露头,如铁、蓝宝石、铝、钴、锆、高岭土及某些稀土元素等。

对直接找矿标志应描述其岩石颜色、结构、构造、主要矿物成分、围岩、矿化或蚀变及其形态、产状、规模和开采情况等,并尽量绘有素描(或照片),采取岩矿标本和化学拣块样(要强化取样)。另外,对沉积(层控)型的矿产除做上述工作外,还要描述其厚度、横向展布、层数、层位等。

二、间接找矿标志

在区调工作中内生和热液矿床最常见的间接找矿标志为围岩蚀变。围岩蚀变是内生成矿作用的一种产物,它对气成—热液矿床的寻找有着指导意义,不同的围岩蚀变反映不同的矿化类型。加强对围岩蚀变的识别、观察是发现矿产的有效手段。

常见的围岩蚀变主要类型及含矿性见表9-1。

表 9-1　岩石蚀变主要类型及含矿性

蚀变名称	主要蚀变矿物	原岩性质	热液性质	有关的主要矿产
矽卡岩化	石榴子辉石、绿帘符山石	碳酸盐岩石	气化高温	铁、铜、铅、锌、钨、锡、钼、铍、硼、水晶
电气石化	电气石	酸、中酸性岩	高温	钨、锡、金、砷
云英岩化	石英白云母	酸性、沉积变质	高温	钨、锡、钼、砷、铋
钾长石化	钾长石	中性、酸性岩	高温	锂、铍、铌、钽、铅、锌、金、铀、稀土
硅化	石英、玉髓、蛋白石	各种岩石	高—低温	铁、铜、铅、锌、锡、钼、汞、锑、铋、重晶石
黄铁绢云化	黄铁矿、绢云母、石英	酸性岩	中温	铜、铅、锌、金
绿泥石化	绿泥石	基性岩、超基性岩	中温	铜、铅、锌、铬、黄铁矿
绢云母化	绢云母	含长石岩石	中低温	铜、铅、锌、金、砷、莹石、稀有金属
硫酸盐化	方解石、白云石、菱铁矿	各种岩石	中低温	铜、铅、锌、金、银、稀土金属
重晶石化	重晶石	酸性盐岩石	低温	铜、铅、锌、金、银、汞、梯莹石、重晶石
明矾石化	明矾石	酸性岩	低温	铜、铅、锌、金、银、明矾石
高岭土化	高岭石	中酸性岩	低温	金、莹石、黏土
青磐岩化	绿泥石、绿帘石、阳起石、角闪石、钠长石	中、基性火山岩	低温	铜、镍、钴、金、银

　　对围岩蚀变的观察和记录,应贯彻于工作的自始至终,特别在岩体(岩脉)内或其周围(两侧)、断裂带、破碎带及裂隙比较发育的地区。如有比较明显的围岩蚀变,应描述岩石特征、蚀变类型、可见金属矿物、控制因素等,向两侧追索其变化特征,并采取光谱样,有必要时采取化学拣块样(要强化取样)。

三、掌握岩浆岩与矿产的关系

　　在测区或邻区发现的矿点、矿化点,无论在空间上、时间上还是在成因上都与侵入岩密切相关,与喷出岩有关的矿床主要有铝土矿、蓝宝石矿、高岭土矿等。接触交代型各矿点均赋存在岩体的外接触带,沉积型后期热液改造的各矿点也与岩体相伴产出,热液型(如水晶矿、石榴石矿)矿点赋存在矽卡岩带中。岩体与有关矿产的类型及其里特曼组合指数、碱性程度、钠钾比值等岩石化学特征有关;碱钙性岩类,如辉绿玢岩,对于铁矿,含矿较好;钙碱性岩类,如花岗岩、二长花岗岩,对于铜、铝、锌矿,含矿较好;钠钾比值大于1,

对铁成矿有利；钠钾比值小于1，对铜及多金属成矿有利。对岩浆岩体及外围进行重点矿产调查，是发现新矿（化）点的突破口。为了获取直接找矿线索和确定有利成矿岩体，要对区内岩体的岩石化学特征、副矿物、微量元素等与矿产的关系进行研究，这一工作要与岩浆岩的工作结合起来。

四、了解区内地层的含矿性

为了了解区内地层的含矿性，要求对每一个填图单位和较为特殊的地质体进行光谱分析，分析内容为微量元素，包括 Cu、Pb、Zn、Cr、Ni、Co、V、Ga、Ti、Mn、Ba、Sr 等元素。另外，对发现的非金属矿产要根据其用途进行化学分析或试验，以了解其品级或性能。

第十章　野外记录资料整理及样品采集工作要求

第一节　野外记录

一、路线地质填图描述格式及要求

(一)格式

路线、目的、同行、点号、点位、点性、描述、路线观察。

(二)要求

(1)"点号"以 D_1 点开始编号。一个小组地质点号分配为 100 个。如第一小组点号为 $D_1 \sim D_{100}$,第二小组点号为 $D_{101} \sim D_{200}$,其他小组依此类推。

(2)"点位"以观察点附近的高程点或其他固定地物作标志,若附近无明显标志,可用村庄或前一点位作标志,并标明观察点所在图幅名称、公里网、经纬度。

(3)"点性"按"浮土点""残坡积点""岩性点""岩性分界点""构造点"等阐明。

(4)"描述"要求如下:

①观察点所在的具体位置,如沟、脊、路等。

②岩石出露情况、面积。

③岩石结构、构造、矿物成分、含量、形态、蚀变矿化、变形构造要素、产状等特征。

花岗岩还应描述包体类型、大小、形态、定向性、含量、包体结构构造、矿物组成、色体与主岩关系等。

④对有意义的观察点,按先宏观后微观的原则进行详细观察描述,并勾绘素描图和照相。相片应标明底片编号、摄影对象、内容及方位,底片根据相机代号—胶圈序号—张数序号进行编号,如 A—1—5(A 号相机第一胶圈第五张相)。

⑤样品编号为点号—样品序号 + 样品类别。 D_3—3B(第 3 个地质点第三块标本),样品类别代号:B—标本、b—薄片、D—定向标本、GP—光谱、h—化学样、f—大化石、GS—硅

酸盐样、mf—微体化石、t—年龄样、RZ—重砂样。

⑥"路线观察"应与前后两"点号"有一定距离。由方向和距离控制,并保持点间记录的连续性,若遇到有意义的地质点(构造点、岩性点、分界点),原则上要求定点详细观察。

⑦主干路线应绘制信手剖面。

二、剖面编号和记录要求

采用罗马数字Ⅰ、Ⅱ、Ⅲ…对剖面进行编号。为区分不同类型的剖面(地层、火山岩、花岗岩、构造等剖面),在罗马数字右下角加注各类型剖面拼音大写首字母,若有相同者,采用类型拼音前两个字母加以区别。

I_D——Ⅰ号地层剖面 I_{HG}——Ⅰ号花岗岩剖面

I_H——Ⅰ号火山层剖面 I_G——Z号构造剖面

(一)剖面样品编号

样品编号为剖面号—分层号(花岗岩剖面为剖面点号)—样品序数—样品类别,I_D—4—2B 是指Ⅰ号地层剖面第四层第二块标本。

(二)剖面记录要求

每个剖面必须作信手剖面图和一定量的素描图。

(1)地层剖面(包括火山层剖面)记录使用剖面记录表和野外记录本相吻合。记录表主要登记丈量数据、一般岩性。记录本除详细进行分层描述外,也须记录导线号、导线长、方位角、坡角及产状等重要数据。

(2)花岗岩路线剖面记录使用野外记录本,记录格式按路线地质填图格式。

(3)构造剖面记录使用野外记录本,记录格式和内容介于地层剖面和花岗岩剖面之间。详细进行岩石(或变形)分带描述,并记录方位角、产状等重要数据。

第二节 野外手图及野外总图

野外手图(块图)表示内容有观察点、路线、地质界线、标志层、矿层、脉岩、蚀变、断裂、产状、地质体代号、主要构造要素及重要样品采集点等。观察点用直径约 2 mm 的点圆表示,断层用红色线条,路线用绿色虚线(踏勘路线、实测路线和检查路线应予区分)。在地质图上宽度小于 1 mm,长度小于 5 mm 的重要地质体应夸大表示。上述内容在野外一般用铅笔表示,室内确定后着墨。

野外应及时将手图上的主要内容准确转绘到总图上,及时连图,以便指导进一步工作。总图表示的主要内容有观察点、路线、地质界线、标志层、主要构造要素、产状等,地质点号、点位、标本采集点、产状等应及时着墨。

第三节 资料整理工作

一、当日整理

每日工作结束后应对当日资料进行认真整理,并对航片解译资料进行校验和再解译。

(1)对照手图对野外记录的内容、数据、素描图、分层号、路线描述、标本样品等进行

复查、修饰和着墨。

（2）对野外手图的各种要素整理着墨，与邻线连图。

（3）对各项实物标本样品清理编号、包装，对野外照相编号登记等。

（4）编写路线小结。

二、片区（阶段性）整理

每个片区工作结束后，应对所获资料系统整理，找出存在问题，及时进行补充修正。

（1）通过自检、互检和抽检的方式清理核查各类资料，对野外记录格式不符要求、项目不齐全或重要数据有错漏者及时进行补充、批注修正或野外校验。

（2）实测剖面资料整理。

①系统校对野外记录、标本样品、各类附件。

②计算地层厚度等相关数据，绘制平面图、剖面图、柱状图初稿。

③进行多重地层初步划分，在对各项资料综合分析的基础上，找出存在问题，及时进行野外补充。

④作剖面图一般采用投影法，剖面图的左端应为西、北西、南西，地层真厚度计算公式为 $D = L(\sin\alpha\cos\beta\sin\gamma \pm \cos\alpha\sin\beta)$（$D$—真厚度，$L$—斜距，$\alpha$—岩层真倾角，$\beta$—地形坡度角，$\gamma$—剖面线与地层走向夹角，坡向与倾向相反时用"＋"，相同时用"－"）。

⑤剖面结束后应编写剖面小结，主要内容包括：a. 测制目的；b. 剖面位置、方向、起点坐标（经纬度）、长度、测制方法等；c. 完成的主要实物工作量；d. 主要地质成果；e. 存在问题等。

（3）地质填图资料整理。

①片区填图基本结束后，各填图小组应对所获资料进行系统整理，使野外记录、野外总图、路线信手剖面图、素描图、照片、事物标本各类样品等与实际资料相互吻合，小组之间开展自检、互检、交换意见。

②编绘实际材料图，进行系统连图和接图，校正地质界线，清绘野外清图，对图面结构不合理、不美观的部位进行复查、补充、修正，使区域地质图分阶段逐渐形成。

③对野外样品进行精选和统一编号、登记，对所需送样鉴定的样品分别填写标签、送样单，按统一编号顺序包装、装箱。

总之，在撤销基站之前，应对照设计使该基站辐射片区的地质资料收集完备，不遗留地质问题。

三、扩边填图及接图

一般要求填图路线向图外扩充 1 km 左右，而且应有观察点控制，与测区相邻的南、北图幅将同时开展工作，协调解决好接图问题。

四、野外验收前的室内整理

全部野外工作结束后，应对所有资料进行系统综合整理，全面检查各项原始资料和综合资料的完备程度和专项调查的初步成果质量以及工作任务的完成情况。在此基础上，编制各类图件、表格和图幅野外工作总结,连同各类报表和原始资料目录,报请有关部门进行野外验收。

五、成图

实际材料图采用1:100 000地形图,由野外总图(1:50 000)转绘。地质底图由1:100 000实际材料图转绘。

第四节 样品采集要求

一、总体原则

(1)对于成岩岩石,无论是路线填图的观察点,还是剖面测量的每一层位,都需采样标本和薄片样(根据需要决定是否送样)。

(2)样品采集尽量选择具代表性的、新鲜的、未风化的,或未矿化蚀变(矿产样品例外)的样品。

(3)对于组合样品,一般要求在一定面积范围内采集多个样点组合成一个单样,如光谱稀土、硅酸盐、化学分析、重砂等。

(4)岩浆岩每一个单元(侵入岩)或每一岩性(岩石)(火山岩)均要求采集一套完整样品,包括薄片、标本、光谱、人工重砂、硅酸盐、稀土等,根据需要,有的还应采集同位素年龄、电子探针、稳定同位素等样品。

(5)沉积岩(包括变质岩)每一个剖面均应有一套完整的薄片、标本样品,根据需要还应采集硅酸盐、光谱、重砂、化石或微古生物样品。深变质岩,根据需要还应采集同位素年龄样品。

(6)构造剖面测量样品可根据需要采集,一般应有薄片(包括定向片)标本、光谱、岩组分析等样品。

(7)凡进行踏勘、检查的矿点一般均应采集矿石标本及化学分析样品,根据需要有的还应采集光片,包括体分析样品,特殊矿产,如宝石、石材等,可根据矿产特点采集必需样品。路线异常检查可根据需要采集光谱或化学分析样品。

二、各类样品采集要求

(1)薄片、岩矿鉴定(包括电子探针、薄片粒度分析),要求样品规格为3 cm×6 cm×9 cm(粗粒及斑状岩石)或2 cm×5 cm×8 cm(细粒且均匀)。

(2)光谱分析:样品质量一般为50～100 kg,并用硬纸袋包装。

(3)硅酸盐:样品质量一般为0.5～1 kg,并要求配套采集岩石光谱、薄片样。

(4)人工重砂:样品质量一般为5～8 kg,并要求配套采集薄片、岩石光谱等样品。

(5)稀土分析:样品质量一般为0.5～1 kg。

(6)热释光:样品质量一般为1～2 kg,并用黑色布袋包装。

(7)化学分析:金属矿一般采用连续采块样,质量为1～2 kg,非金属矿可根据需要采集。

(8)化石样品:大体化石(遗体或遗迹),需逐层寻找,找到后应以能保存其完整为准

品样本,并记录化石产出层位及上下岩性特征。

微体化石:应采集粒度较细岩石,如灰岩、质岩、粒砂岩、泥岩及泥碳质,样品质量一般为100~500 kg。

(9)年龄同位素。

单矿物年龄样品一般从重砂样品中挑出矿物进行分析测试,等时年龄样品,全岩样一般选采集3、5、7个样点,并分析包装组成一个样品,矿物+全岩样一般采集1~3个样点组合成一个样品,样点质量可根据需要确定。

(10)其他样品可根据有关要求采集,在此不一一叙述。

第五节　质量检查

为了保证图幅质量,除接受上级主管部门的质量监制外,项目组内严格执行自检、互检、专检制度,使各项原始资料合格率达到100%。

自检:各作业组每天工作结束后,均应对当天资料进行自检,自检率应达100%。

互检:工作一阶段后,在自检合格的基础上,作业组之间进行交叉检查,互检率应达100%,及时交换意见,共同提高质量。

专检:项目组指定专人对各作业组资料进行专检,专检率应达10%~30%。

各项质量检查都必须填写质检卡片,签字保存。

第六节　资料汇交及资料管理

项目组所有资料指定专人保管,资料管理人员应对地形图、区域资料进行认真编目登记,野外调查资料按1:100 000图幅分幅登记归类造册,资料管理员应随时掌握各项资料去向,切实做好安全保密工作。

应当完成汇交的资料有:

(1)原始资料:野外记录本;记录卡片、实测剖面登记计算表;野外手图、分析鉴定样品送样单、野外素描和摄影资料、各类实物标本及其他原始资料。

(2)野外成果:野外地质实际材料图外总图,各类样品分析鉴定报告、实测剖面、TM图像解译资料及野外工作年度总结等。

第十一章　安全工作基本知识与制度

知识目标

掌握地质野外案例保障国标和野外安全保障软件系统。

技能目标

熟悉野外安全保障条例和专用频道,熟练操作国土部地质野外安全保障系统(APP)。

安全工作是项目顺利完成的基本保障。项目开展期间,必须掌握安全工作的基本知识,建立严密的安全工作制度并严格执行。

第一节　野外安全工作基本知识

一、测区自然条件

测区位于海南岛东北部,东临南海,北隔琼州海峡,地理坐标:东经 109°30′ ~ 110°03′,北纬 19°00′ ~ 19°20′。地势总体南高北低,从南西部的中、低山逐步过渡到丘陵,台地与滨海平原,最高峰鹦歌岭,海拔 1 181 m,海拔大于 500 m 的中、低山约占测区 20%,区内植被发育,毒蛇、野兽常见出没。

测区地处热带,属热带海洋气候,炎热多雨,日照时间长。每年的 4 ~ 10 月为台风及热带风暴形成时间。

区内主要居民为汉、黎、苗族,少数民族多居住于南部山区。

二、野外安全工作基本知识

(一)防热防暑

测区地处热带,气候炎热,每年 4 ~ 10 月气温均较高。由于太阳的强烈照射,造成地面温度较高,在这种环境下工作容易使人疲劳,体温上升,大量出汗,从而使人体温失调,体内水分、盐分减少导致中暑。

预防措施有:①配备防晒宽边帽和隔热登山鞋、运动鞋;②携带足量饮用水(可根据爱好加少量食盐、茶叶、甘草等)和十滴水、人丹等防暑药品;③调整作息时间,尽量避免中午在太阳直照下工作。

一旦发生中暑,需进行野外急救,办法是:迅速把人转移到通风阴凉处,灌喝凉开水,并采取各种降温手段,使人体体温下降,严重的还需进行强心、解痉等处理。

（二）防洪防汛

测区雨季时间长,降水量大,由于降水而造成的灾害主要有山洪暴发、崩塌、滑坡、泥石流、江河涨水、山路泥滑等。

防范措施有:①在项目设计及施工过程中合理安排,尽量错开雨季。②注意收听、收看天气预报,野外尽量避开雨天作业。③了解工作区的地形、地貌、气候、地质水文等条件,大致掌握雨季易发生的自然灾害。④野外作业时碰巧突然下雨,应提高警惕,拟定应变措施,严禁强行涉水及在不安全的坡、坎下避雨。

（三）防台风

测区濒临南海,是台风及热带风暴登陆的多发地,在台风发生季节,应注意做好野外防台风工作。

一般防范措施有:①台风自发生至登陆,往往在一至二天甚至几天之内,应注意收听、收看台风警报,注意台风走向,提前做好防风准备。②根据台风级别提前做好野外驻地房屋的压顶、支撑、加固工作,并检查房屋前后左右树木、电线杆等的牢固程度,必要时需对树木进行裁枝,并对树干、线杆进行绳索加固,防止折断、倒下砸伤人或砸坏物品。③台风登陆的同时往往伴随大量降水,应同时做好防洪、防汛工作。

（四）防雷电

海南属雷电高发区,据最近几年资料,已有数人死于雷电电击,因此,很有必要了解雷电的有关常识并采取防范措施。

雷电产生之后往往会降暴雨,通常称之为雷雨,雷雨季节往往是降水较多且集中的季节,就测区而言,雷雨一般集中发生在 6～8 月,导致雷电击打通常有以下几种情形:具不同电阻率岩石的衔接地段,高压电线底下,相对高差较大且位于高海拔处(如山脊、孤峰顶等)的人、动物或独立树,金属等低电阻率物体附近,相距较近的两峭壁之间的地段(俗称一线天处)。

野外作业期间采取的防雷电措施有:①雷雨季节外出作业,应根据天气情况,随身携带雨衣、雨伞及胶底鞋,非工作必需,尽量少带金属器物。②当在野外遇到雷雨时,要尽快寻找有利处所(如山洞、山丘土岗坡下、有金属顶的车辆)躲避,不要冒雨或穿着湿衣服赤足继续野外作业,也不要在山脊或孤峰顶处走动,更不能独立在树、旗杆等下面避雨或停留。如一时找不到合适的避雷地点,又感到情况比较严重时,应尽快就近找一处较低、电阻率较大的岩体上或比较干燥的地方蹲下,等雷电过后再走,随身携带的条状金属器械应平放,不能竖在地上,更不能拿在手中来回晃动。③如遇球雷(滚动的火球)切莫乱跑,特别是在空旷平坦的地方,以免球雷顺着气流袭来。④野外驻地应选择装有避雷装置建筑或较周围建筑低的房子。⑤雷雨季节,在室内也要注意防雷,打雷时,应拔掉电视机天线,关闭电源,也不要开收音机,尽量远离各种导线、电器设备,关闭门窗,以免穿堂风引入球雷。

（五）防病

野外作业时要根据气候特点,合理安排生产,避免劳累过度,导致疾病发生。各人也要根据自身身体状况及气候变化,注意饮食及睡眠,及时增减衣服,负责后勤供应的同志应注意饮食卫生,尽量做到不购买过期或变质的食品,不购买带有残留农药的疏菜(选择有虫咬的疏菜,尽量用米汤或盐水浸泡蔬菜),防止食物中毒。另外,还应注意防治地方疾病。

测区南部山区地势高、居民点少且多为少数民族居住地,是地方疾病(疟疾)高发区,应注意防范,主要有以下几点:①每一位成员都应配备一份防治疟疾药品或出队前打预防针。②尽量避免蚊子叮咬,而传染病毒。③野外作业时尽量不喝冷水,特别是受污染或不流动的河(沟)水。

(六)防毒蛇、猛兽及捕猎圈套

测区中、南、西部地势相对较高,植被茂盛,不时有毒蛇、猛兽出没,要防其袭击:①除配备蛇药外,在草丛中穿行时要注意"打草惊蛇"。②遇到毒蛇、猛兽时,尽量绕道通过,不与其正面相遇。③在深山老林作业时要大声说话或吹口哨,以吓走猛兽。④野外作业不巧碰到阴雨天气或天黑未能下山时,要提高警惕,尽可能取一段木棍在手或点燃自制火把。另外,还应警惕少数民族同胞设置的猎枪、索套。一般来说,在猎人设置圈套的地方附近,往往设有记号,如在路边打上草结或在树上砍个刀痕等,野外作业时应仔细观察、防止中圈套。

(七)防火

俗话说"水火无情",可见防火的重要性。

野外作业时应注意以下几个方面:①野外驻地应由安全员检查室内电线是否安全可靠。②杜绝私拉、乱接电线、电灯泡。③打雷时应切断连接电视、收录机等电器,以免雷电击坏电器或引起火灾。④野外做饭时应注意不要在风力较大且周围干草、树叶较多的地方,以免火星点燃易燃物引起火灾,并要做到人走火灭。

(八)防丢失、偷抢

地形图、记录本(表)等资料及各种生产工具(相机、罗盘、GPS 定位仪、放大镜等)是单位的宝贵财产,也是生产的必需品,应注意妥善保管好,防止丢失或不法分子偷抢,个人携带的财物也应自我保管好,以免经济受损或影响生产。

第二节　安全生产措施

(1)遵循"安全第一,预防为主"的安全生产方针,树立"安全为生产服务"的思想。

(2)建立安全生产管理体系,层层签订安全生产责任书,并落实到人。

(3)遵守安全法律法规,做到"永不三违"。

(4)重视汽车安全运输管理,狠抓司机职业道德和安全思想教育。

(5)组队之初,全员必须接受安全思想教育、学习相关安全生产知识。

(6)野外驻地一般选择国营农场场部或乡、镇政府驻地,并加强与当地政府、居民的联系,以期得到他们的支持和帮助。

(7)尊重少数民族风俗,严禁猎杀国家保护动物。

(8)做好野外安全防范工作,防中暑、防洪防汛、防台风、防雷电、防病、防火、防毒蛇、猛兽及捕猎圈套,防丢失、偷抢。

(9)一切行动听指挥,建立外出(指离开驻地管区)请假制度,严禁深夜(晚 11:30)未归。

(10)野外作业至少 2 人同行,严禁单独行动。

(11)如野外作业发生重大意外事故,同行人员应尽力安全自救,并想办法尽快与最近填图组或工作站取得联系,寻求援助。情况严重时需报告上级部门。

附录一　实习目的与要求

　　天水地区地质认识实习是地质类专业一年级学生进行的第一次野外地质实习,即地质入门实习,仅仅是认识性实习。

一、实习目的

　　(1)通过野外实地观察,着重运用课堂所学的基本理论、基本知识,对地质实体(矿物、岩石、地貌、地质作用、地质现象、构造……)获得感性认识,从而了解地质学科的科学性、复杂性、探索性,为后继深入学习打下基础,并激发学生对地质工作的"好奇心"、学习地质的兴趣与热情,这是根本目的。

　　(2)在对地质实体获得感性认识的基础上,对其进行地质测量、描绘……从而使学生对简易地质仪器或工具(地质罗盘、放大镜、地质锤)的使用,对地形地质图的阅读和使用,对有关地质资料的收集、记录、整理、编写……有所了解。通过基本技能的训练,使学生了解并初步掌握野外地质工作的一般方法,培养学生勤劳、踏实、严谨的工作作风,锻炼学生历史的、发展的、辩证的、时空的观点和方法,增强学生对地质工作的责任感、事业心,这是主要目的。

二、实习要求

　　以《普通地质学》或《地质学基础》所学内容为基础,适当考虑专业延伸。在地质基础中又以"三基"训练为主,把基础知识和地质工作素养夯实,在实习中以观察、认识地质现象为主,以适当了解形成原理为辅。

三、实习方式

　　采取实习区布置观察路线,观察路线上布置观察点,且以观察点为主的方式进行实习。

　　具体做法:实行引导→观察→讨论→总结相结合的综合性方式。每到一观察点,先由老师引导,指明观察方法、要点、注意事项;再由学生分头观察并借助简易地质仪器及手段仔细观察、认真测量、详细描绘、充分讨论;最后以教师为主导、学生为主体进行该点总结,进一步明确该点观察到的内容、应掌握的要点以及涉及的基本概念,并注意引导学生透过地质现象,分析形成原因及过程,加强课本与实地、课堂与野外、点与点、点与线、线与线、微观与宏观、时间与空间、知识理论与野外实践的联系。

附录二　天水地区地理及地质情况简介

一、天水地区地理概况

本区在行政区划上属甘肃省天水市,位于甘肃省东南部,黄土高原与秦岭山地交互地带,一般海拔 1 000 ~ 2 000 m。北部大部分为黄土覆盖,植被稀少;南部边缘进入秦岭山地,山岭连绵,树木苍翠。

本区气候属温带半湿润区,年平均气温 10 ℃,无霜期 180 d 左右,年平均降水量 580 mm左右,降水多集中于 6 ~ 9 月。渭河横穿全境,是本区最大的河流,其他还有耤河、牛头河、别川河、南沟河等渭河的支流分布于境内不同地段。

本区农业比较发达,农作物以小麦、玉米、马铃薯为主;工业以毛纺织、机械制造、电工器材较重要;天水雕漆工艺品、天水地毯等,在国内外享有较高声誉。

本区地处甘、陕、川三省要道,交通方便,陇海铁路横贯东西,市区至附近各县、乡(镇)均有公路网相连。

天水历史悠久,是祖国古代文化发祥地之一,存留了极其丰富的文化古迹、历史文物,例如著名的麦积山山石窟、伏羲庙等。

二、天水地区地质情况简介

(一)地层

在地层区划上,本区地层属北秦岭分区。天水地区发育的地层主要有前寒武系(An Є)、中上泥盆统(D_2s、D_3d)、石炭二叠系(C—P)、上三叠统(T_3g)、下侏罗统(J_1t)、下白垩统(K_1)、新老第三系(N、E)及第四系(Q)。前寒武纪地层形成本区基底,分布较广,多沿沟谷出露。石炭纪以前的老地层均遭受不同程度的变质构造(牛头河群)。实习过程中所见者主要是前寒武纪、泥盆纪、石炭二叠纪、第三纪及第四纪地层。天水地区地层发育情况见附表 2-1。

附表 2-1　　天水地区地层简表

界	系	统	地方性名称	代号	厚度(m)	岩性描述
新生界	第四系	全新统		Q_4	0~15	角度不整合接触。现代河床冲积层（砾、砂、淤泥）及土壤等
		更新统		Q_3	5~50	角度不整合接触。黄土、黄土质砂质黏土及残坡积层
	第三系	新第三系		N^b	>100	角度不整合接触。灰绿色、灰白色泥岩夹棕色、棕红色泥岩
				N^a	300~570	角度不整合接触。红色、棕红色泥岩为主，顶部夹灰白色钙质层及鲕粒灰岩
		老第三系		E_2	0~600	紫红色砂岩、砾岩夹少量泥质粉砂岩。出露灰色、灰黑色流纹质熔结凝灰岩、安山质火山角砾凝灰岩及集块岩
				E_1	130~600	未见直接接触。紫红色含砾砂岩。出露紫红色及灰色凝灰熔岩及角砾熔岩，局部可见流纹构造
中生界	白垩系	下统		K_1	200~700	角度不整合接触。紫红色及灰绿色砂岩、砂质泥岩及砾岩等，偶见煤线
	侏罗系	下统	炭和里组	J_1t	50~700	角度不整合接触。灰色、灰绿色及黄色砂岩、砂质泥岩及砾岩等，夹煤线
	三叠系	上统	干柴沟组	T_3g	200~875	未见直接接触。灰色、灰绿色砂岩、砾岩及砂质泥岩，夹煤线
古生界	石炭二叠系			C—P	>700	角度不整合接触。灰色、灰白色及紫红色砂岩及紫红色砂岩、含砾砂岩及粉砂岩，局部夹炭质板岩、砂质板岩等
	泥盆系	上统	大草滩组	D_3d	>1 000	灰色、灰黄色砂岩、粉砂岩及灰色、灰绿色砂质板岩、绿泥绢英板岩等
		中统	舒家坝组	D_2s	>1 000	角度不整合接触。触绿色、灰绿色板岩及大理岩、变质砂岩、片岩等
	前寒武系			An∈	>2 000	一套变质岩系，主要由片麻岩、绿泥绢英片岩、角闪片岩、二云母石英片岩及大理岩等组成

本区前寒武系(AnЄ)地层厚度较大、成分复杂、变质改造强烈,历年来虽然各地质单位做了比较详细的研究工作,但目前尚无统一认识。一般对此套地层有更进一步的划分,考虑到本次实习的具体情况,我们将该套地层统称为前寒武纪,不再细分。

(二)构造

在大地构造区划上,本区处于秦岭褶皱系与祁连褶皱系毗邻地段。构造活动具多旋回特征,印支运动和燕山运动表现尤为强烈,形成了本区复杂多样的构造格局。总体看来,NW—SE 向构造占主体,主干断裂及褶皱多沿此方向展布,区内地层亦多沿此方向展布。同时,本区沿 NE—SW 向也有一组地质构造,但规模强度远不如前者。由于本区受较广泛的第四系覆盖,故构造(尤其是断裂)出露多不完整。

区内褶皱构造十分发育,褶曲轴向大多为 NW—SE 向。规模较大者为甘泉—秦城向斜,轴向延伸达 40 km 以上,其他尚有田家新庄背斜、店镇背斜等。

由于受多次构造活动的影响,本区断裂构造分布十分广泛,且性质各异,复杂多样。但总体看来,NW—SE 向相继雅兴断裂是整个断裂构造的主体。它们往往构成又宽又长的断裂带。同时,本区还发育一组 NE—SW 向的断裂,但其规模、分布密度均远较前者小。

应当指出,由于本区第四系覆盖较广泛,并由于实习观察范围有限,1∶200 000地质略图上所标绘的断裂、褶皱在实习过程中大多未能见到,实习中所见的断裂、褶皱多为规模较小且在该图上没有标绘者。

本区较广泛分布前寒武系岩石,由于变质作用和构造变形的影响,呈现出复杂多样的构造形式,如窗棂构造、石"香肠"构造、肠状构造、叠加褶皱等。泥盆纪、石炭二叠纪地层也遭受一定程度的变质改造,局部地段发育了石"香肠"构造等。

(三)侵入岩

本区侵入岩比较发育,大多分布在东南部及东北部,且多为酸性侵入岩,分属于海西及印支及燕山时期的产物,如酒刺梁岩体(γ_4^1)、寺下河岩体(γ_5^{2-b})、廖家河坝岩体(γ_5^{3-b})等。此外,本区局部地段还有酸性、中性及基性岩脉发育,如别川河的煌斑岩脉等。

(四)地貌

由于内外力地质作用的影响,形成本区各种各样的景观。本区由于黄土及第三系砂岩层的广泛分布,外力地质作用的改造尤为强烈,如黄土梁、黄土崀、黄土柱及黄土陷穴的广泛分布,第三系砂砾岩区发育的丹霞地貌及假石林地貌也独具特色。此外,由河流地质作用形成的阶地、冲积扇以及负荷地质作用形成的崩塌、滑坡及泥石流等现象在本区也比较常见。

(五)矿产及矿(化)点

本区矿产主要有产于前寒武系地层中的大理岩、白云岩,产于河床冲积物中的砂金等。同时,各种矿化现象也比较多见,如一些断裂带中发育的黄铁矿化、萤石化、重晶石化,发育于岩体(如寺下河岩体)与围岩接触带中的铀矿化等。

附录三　野外地质观察路线及其内容、要求

　　根据地质认识实习的教学要求及实习区具体地质条件,我们选定了 9 条地质观察路线(见附图 3-1)。实习过程中,可根据实习时间及各专业具体要求,全部采用或选择其中的若干条路线。

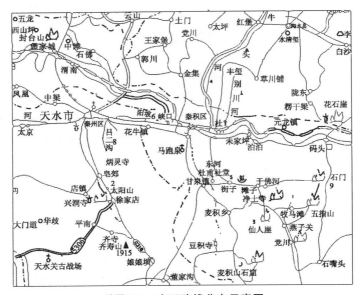

附图 3-1　实习路线分布示意图

路线一　别川河

一、位置

社棠星火机床厂后别川河。

二、内容

(1)花岗岩体及其与围岩的接触关系。

(2)火山岩及其岩性特征。

(3)河流阶地。

No.1　星火机床厂后围墙 60°方位,约 30 m 处。

内容:含角砾凝灰岩及其对面的河流阶地。

要求:观察并描述该岩石的岩性特征。

思考:①含角砾凝灰岩是如何形成的? 它反映何种地质环境? ②河流阶地的二元结

构及其形成过程。

No. 2　星火机床厂后围墙 60°方位,约 300 m,天水—清水公路转弯处。

内容:X 节理、假流纹构造(见附图 3-2)。

要求:观察并描述该岩石的岩性特征,包括颜色、成分及结构构造,尤其要注意观察其中的碎屑物如浆屑(火焰体)、玻屑及晶屑等的形态、大小及排列方式。

思考:①节理是如何形成的? ②假流纹构造的形成过程。

附图 3-2　假流纹构造

No. 3　别川河沟约 2 200 m 处。

内容:集块岩。

要求:观察并描述集块的成分、大小、排列方式及岩块间充填物等,掌握集块岩的特征。

思考:①集块岩是何种地质背景下的产物? 为什么? ②在各种火山岩中,哪一种火山岩距离火山口最近?

No. 4　别川河沟约 1 800 m 处。

内容:构造破碎带、凝灰岩。

要求:观察并描述构造破碎带的性质、沟两侧的连续性。

思考:构造破碎带连续能够反映的内容。

No. 5　别川河沟南约 1 500 m 处。

内容:火山角砾岩,帚状构造。

要求:观察并描述火山角砾岩,分析帚状构造产生的力学性质及岩石特征并素描。

思考:从进入本区开始,火山岩岩性(岩相)的变化规律可否推测火山口位置?

No. 6　别川河沟南约 500 m 处西部小沟。

内容:沉积接触、侵入接触、角度不整合接触关系(见附图 3-3)。

要求:仔细观察花岗岩体与前寒武系(AnЄ)地层的接触关系,确定其接触关系类型,观察接触带附近的同化混染现象,并作一幅接触带素描图。

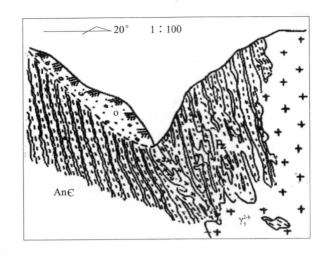

An∈——条带状混合岩；γ_5^{2-b}——肉红色中粗粒黑云母花岗岩

附图 3-3　接触关系示意图

思考：①花岗岩按其成因可分为几类？此处花岗岩属何种类型（见附图 3-4）？依据何在？②同化混染是如何形成的？这种现象在野外如何进行观察？

注意：此点观察完毕后，沿河沟向下即进入变质岩地段，其多为片岩、片麻岩类，注意观察它们的岩性特征，分别给予正确命名并记录。

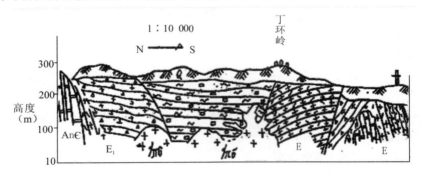

黄土　　花岗斑岩　　熔结凝灰岩　　大理岩

集块岩　　火山角砾熔岩　　闪斜煌斑岩　　片麻岩

附图 3-4　别川河丁环岭段地质剖面示意图

路线二　皂　郊

一、位置

秦城—西和公路袁家河—老虎沟段沿线。

二、内容

（1）岩石类型和特征。

（2）构造类型（断层、石"香肠"和节理等）和特征。

（3）地貌类型（单斜岩层形成的单面山、河谷地貌等）及特征。

No. 1　袁家河村对岸（河流西岸）。

内容：①岩石类型和特征；②构造类型（褶皱、断层、石"香肠"和节理等）和特征；③地貌类型（单斜岩层形成的单面山、河谷地貌等）及特征（见附图3-5）。

要求：①观察并描述石炭—二叠纪（C—P）地层的层理构造，测量岩层产状，掌握产状测量方法、岩石类型及其特征，认识蓝灰色千枚岩、灰蓝色板岩、变质砂砾岩等。②观察石"香肠"构造特征、"软""硬"岩石受力后的形变差异，分析其形成原因。③观察发育节理的主要岩石类型、节理性质及其分布特征，观察充填其中的岩脉及其与被充填岩层的关系。④观察此处地貌特征（微负地貌）等特征，判断断层的存在，寻找断层面，并根据有关证据判断该断层的性质。⑤观察辨别变质岩中的变余交错层理、变余砂砾构造。⑥将上述内容作详细记录之后，每人作一幅石"香肠"构造素描图（见附图3-6）。

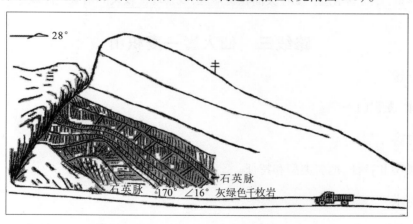

附图3-5　皂郊大湾里村附近顶薄背斜素描图

思考：①层理按其形态可分为哪几类？该地区层理有哪三类？②如何识别层理和测量岩层产状？③石"香肠"构造与一般褶曲有何区别？

No. 2　从 No. 1 过河沿公路往北约 1 500 m 处。

内容：岩石类型和特征，岩层产状特征。

要求：观察辨别该点岩石类型（土黄色砂岩、泥质砂岩等）和特征，量取岩层产状（与上点岩层产状进行对比），进行描述和记录。

附图 3-6　石"香肠"构造素描图

No.3　上点往北约 500 m 处,东侧岔沟(段家沟)中的乡间车道。

内容:①岩石类型及特征。②构造类型及特征。

要求:①观察认识厚层紫红色粉砂岩(褪色后变为橘黄色)和薄层砂岩、泥质粉砂岩及其拖拉褶皱。②观察断层破碎带,注意描述断裂带特征,确定断层性质。

综合思考:①由 No.1、沿途和 No.2 点观察、测量的岩层(地层)产状变化规律,试恢复皂郊背斜的形态,并绘图示意。②在大面积覆盖区,观察规模较大的褶皱应注意哪些方面?

路线三　仙人崖—麦积山

一、位置

仙人崖、麦积山一带。

二、内容

岩石类型和特征、地貌类型和特征。

三、要求

(1)在由仙人崖往东的盘山公路较高处,远观仙人崖、麦积山一带丹霞地貌,分析丹霞地貌的成因。

(2)游览仙人崖、麦积山,观察这一带岩层的岩性特征及产状,分析麦积山山体的成因。

路线四　牛头河

No.1　上倪村北公路拐弯处左右 100 m 范围内。

点性:岩石。

内容:观察前寒武系(An∈)地层及其中的改造型花岗岩(见附图 3-7)。

要求:沿途指导学生系统观察该处花岗岩的颜色、成分等特征,变质岩的产状及其与花岗岩的接触关系。之后对公路拐弯处露头地质现象作一幅地质素描图。

思考:①花岗岩有哪些成因类型? ②此处花岗岩和变质岩的接触关系为什么呈渐变

过渡状态？③结合围岩（变质岩）推断，这里的花岗岩应属何种类型的花岗岩？

总结：此处花岗岩成因类型及依据。

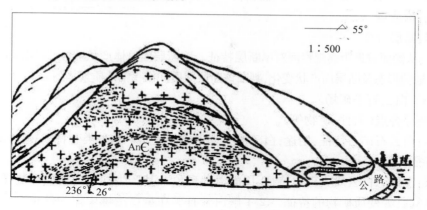

附图 3-7 天（水）—清（水）公路约 20 km 路西北侧地质剖面图

No.2 徐家店对岸河边。

点性：综合点（断裂带、构造岩、矿物等）。

内容：大断裂带及断裂带中形成的角砾岩、糜棱岩；断裂带内的硅化、黄铁矿化、重晶石化、萤石化等蚀变矿物；花岗斑岩脉。

要求：仔细观察①断层带分布及特征；②角砾岩、糜棱岩分布及特征；③断裂带内的硅化、黄铁矿化、重晶石化、萤石化等蚀变及其矿物特征；④花岗斑岩脉及其分布特征（见附图 3-8）。观察结束后，每组采集一套角砾岩、糜棱岩和重晶石、黄铁矿、萤石及硅化岩标本，返校后进一步观察描述，同时每人作一幅地质素描图。

思考：①该点这些地质现象说明了什么？②研究这些地质现象有什么意义？

总结：分析此处地质现象的形成过程。

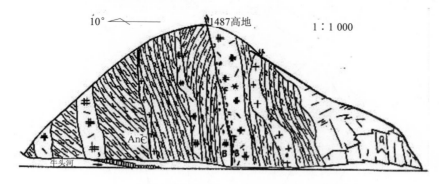

附图 3-8 牛头河 1487 高地断层破碎带地质剖面图

此处可见多条花岗斑岩脉和伟晶岩脉侵入前寒武纪（An $\in$）云母片岩及条带状混合岩中。黑云母花岗伟晶岩中含大量黑色电气石，沿伟晶岩边缘发育断层破碎带，使伟晶岩局部破碎形成角砾岩、片理化碎斑岩。热液沿破碎带活动，充填裂隙，形成黄铁矿、紫色和黄色萤石、白色重晶石和黑色硅化岩石等热液蚀变矿物和岩石，并有弱硅化、红化现象。

该点地质现象丰富且较为典型,应认真观察、分析和掌握。

No. 3　305 省道 123.6 km 处(白云石厂东北河对岸)。

点性:构造点。

内容:断层特征。

要求:从侧面较近距离观察河对岸断层特征。该断层面总体产状陡倾,断层面倾角 75°左右。根据地貌形态及断层面产状变化,判断该断层性质。作一幅地质素描图。

No. 4　白云石采矿场。

点性:综合点(岩性、矿物等)。

内容:白云石矿石特征、用途;白云质大理岩中的变质矿物种类和特征;基性岩脉类型及产状特征。

要求:①熟悉白云质大理岩特征、层间滑动现象及其产生的应力变质矿物透闪石、阳起石及电气石等变质矿物的特征。②了解白云石矿在金属冶炼中作为催化剂、吸附剂等用途。③了解通过镁试剂鉴定白云岩和石灰岩的方法和鉴别标志(滴镁试剂白云岩变为粉红色,石灰岩不变色。加稀盐酸都起泡)。④基性岩脉的产出特征。

总结:上述矿物的成因,接触变质矿物的特征。

No. 5　桑园里西北牛头河拐弯处的公路边。

内容:观察前寒武纪(AnЄ)变质岩及其中的石榴子石矿物,离堆山地貌。

要求:①观察前寒武纪(AnЄ)变质岩(含石榴子石黑云母花岗片麻岩)及其中的石榴子石矿物晶体、石英脉,描述该变质岩的特征;认识并掌握石榴子石的晶体形态特征(呈四角三八面体规则的几何体形态,大者直径 3 cm 以上,一般 1~2 cm,呈深咖啡色或褐色,为铁铝石榴子石,遭受风化严重),判断此处石榴子石属于哪一种晶形(见附图 3-9)。②观察"离堆山"及其地貌特征,分析其形成原因。

总结:石榴子石的成因及产状。

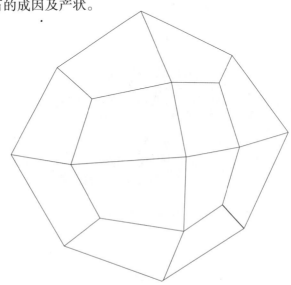

附图 3-9　钙铁石榴子石晶体素描图

路线五　街子—温家峡

一、位置

街子、宏罗村温家峡。

二、路线

街子—温家峡。

三、内容

(1) An∈中的肉红色大理岩、角闪石片岩。
(2) 温泉。
(3) An∈变质岩中的肠状构造及小褶曲。

四、观察点

No.1　街子护林站附近沟谷、河滩。
点性:综合点(构造、岩石)。
内容:前寒武纪(An∈)地层中的条带状混合岩、片麻岩及其中的肠状构造和小褶曲。
要求:①观察河谷两侧大量分布的片麻岩、条带状混合岩及其特征,分别辨认其中的深色矿物和浅色矿物。特别注意观察不同变质程度岩石的特征变化并分析其原因。②观察变质岩中的肠状构造和小褶曲特征。③选择一处保存完好,现象典型露头,作一幅反映肠状构造或小褶曲特征的素描图,并在现场采集典型标本。
思考:将此处变质岩、混合岩与其他路线观察认识的变质岩、混合岩等进行比较,建立变质岩变质程度不同形成的岩石特征差异概念,分析变质程度由浅到深形成岩石类型的基本类型和特征。

No.2　街子护林站向东30 m处公路内弯陡壁。
点性:构造点。
内容:识别片岩、节理。
要求:①观察认识节理构造。此处节理为剪节理,节理面有羽状条带构造面(可见擦痕)。测量 X 共轭剪节理面产状。②观察角闪石片岩等变质岩特征。

No.3　街子护林站向东150 m弯道外壁处。
点性:构造点(断层)。
内容:识别断层,分析断层面裸露的原因。
要求:①观察该点断层及其断层面特征,寻找断层标志和证据(如构造角砾岩、擦痕和镜面构造透镜体等),并判断断层性质。②此处断层面产状与坡向坡角一致,施工中称为"正山",需要剥离上盘,否则会诱发崩塌事故。
思考:该点断层是逆冲断层吗? 为什么?

No.4　温家峡沟内1 000 m河对面标注"D19"处。
点性:水文点。

内容:温泉。

要求:①观察和了解温泉的涌水量、透明度、味道等内容。②将温泉与地表水温作比较,感受并判断水温差别。③根据泉性质的判据,判断该温泉的性质。

总结:泉的成因与性质。

No.5　温家峡口距 No.4 点东 200 m 处。

点性:岩石点。

内容:前寒武纪(An∈)岩性特征,重点是大理岩。

要求:①观察分辨该点前寒武纪(An∈)地层中的岩石类型,如肉红色大理岩、角闪石片岩等。②注意观察大理岩岩石特征及其与周围岩石的接触关系。

讨论:大理岩的成因及其与围岩的接触关系。

路线六　阳　坡

一、位置

学校后山及对面阳坡。

二、路线

阳坡西南耤河—阳坡西北半山腰。

三、内容与要求

No.1　耤河边。

内容:观察河流地质作用——河流侧蚀作用、阳坡滑坡。

要求:通过观察,认识河流的侧蚀作用与滑坡灾害地质现象。

讨论和总结:阳坡滑坡产生的原因。思考该地河流的地质作用及其与人们生存环境的关系。

No.2　阳坡村沿途某制高点。

内容:①学校所在地周围,即罗家沟沟口的河流冲、洪积物——洪积扇。②耤河的侧蚀作用与北山滑坡的关系。③黄土的特征。④典型黄土地貌。

要求:①在对面较远距离观察罗家沟口洪积扇形态特征,洪积扇前缘展布形态与耤河河流弯曲形态及其侧蚀方向的关系,洪积扇相带与地基、地下水源及其工厂、村镇、道路、汲水工程等的布局关系。作一幅洪积扇形态素描示意图。②通过近距离观察了解阳坡村及已经拆迁院落内的黄土地层形态特征及其透水性、湿陷性等性质,观察滑坡体形态特征及其周围环境。③较远距离观察黄土梁、黄土柱的分布和形态特征。

思考:①综合思考耤河河流侧蚀阳坡坡脚、黄土特性、地形坡度等与黄土塌方、滑坡的产生及阳坡村搬迁的关系。②总结洪积扇的基本特征。③总结滑坡产生的条件、标志及滑坡的危害。

No.3　阳坡村西北约 100 m 的路边。

内容:上第三系(N^b)地层中的灰白色泥灰岩、灰质鲕粒泥灰岩。

要求:仔细观察鲕粒泥灰岩的特征,采集一块标本。

思考:泥灰岩的生成环境和鲕粒泥灰岩的成因。

No.4　水眼寨北泉水出露处。

内容:泉的特征和类型。

要求:观察泉所在位置的地貌、地层和构造特征,观察泉的物理性质和特征,如清澈度、气味、沉淀物、口感、流量、动力条件等。判断该泉的成因类型。

思考:判断该泉的类型,进一步总结判断泉的成因类型的地质依据。

No.5　学校七公寓后山。

内容:滑坡体特征和治理。

要求:观察滑坡体所在位置的地貌、地形特征,观察与测量滑坡体的要素,判断其成因。

思考:滑坡治理的方法及选择。

路线七　渭河峡口

一、位置

北道渭河峡口西岸。

二、路线

苗圃西南渭河边—苹果园。

三、内容要求

(1)阶地构造及阶地剖面。

(2)$N^b/An\epsilon$角度不整合。

(3)切穿第四系及第三系正断层及阶梯状断层。

(4)近代河流沉积中的斜层理、流痕。

No.1　苗圃西南渭河边起向北至苹果园。

点性:地质点(河流阶地、河流地质作用)。

内容:观察四级河流阶地剖面及河流侧蚀作用。

要求:①观察从河漫滩向上,共有几级河流阶地(渭河流域总体应有四级阶地,但在此处只能明显地观察到Ⅰ级和Ⅱ级,Ⅲ级和Ⅳ级由于遭受各种地质作用破坏,在地貌形态上表现不明显)。②观察渭河从峡口出来后的流向变化及其对河岸的侧蚀作用。③作一幅河流阶地剖面素描图(见附图3-10)。

附图3-10　渭河峡口地貌素描图(可见四级河谷阶地)

思考和总结:①河流阶地的含义、类型、研究的意义及野外观察和测量阶地的方法。②耤河流向对渭河流向及渭河河流侧蚀作用的影响。通过此点的观察要求每人作一幅阶地剖面素描图(见附图 3-11)。③侧蚀作用在此处有什么危害,应当怎样加以防治?

附图 3-11　　渭河与耤河交汇处河谷地貌素描图

No. 2　果园南端大路西南侧。

点性:综合点(构造、岩性)。

内容:角度不整合接触关系;岩石类型及其特征。

要求:①观察和测量岩层产状,理解晚第三系(N^b)地层与前寒武系(An$\in$)地层之间的角度不整合接触关系,即上第三系(N^b)以角度不整合覆盖于前寒武系(An$\in$)大理岩、片麻岩、花岗片麻岩之上。②观察上第三系底部底砾岩及其上的灰绿色泥岩等岩石特征。③观察第四系(Q_4)的冲积砂砾(分选差、磨圆好,具交错层理)。由于滑坡作用,在第四系(Q_4)之上又被上第三系(N^b)和第四系(Q_3)黄土所组成的滑坡体所覆盖(见附图 3-12)。④作一幅反映角度不整合关系的地质剖面素描图。

思考与总结:通过在指定露头观察上述地质现象,思考并总结它们形成的原理、河流阶地上的砾岩与上第三系(N^b)中的底砾岩有何不同(可在教师讲解之后进行)。

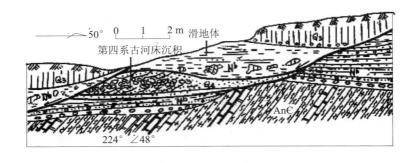

附图 3-12　　渭河峡口苹果园南端大路西南侧地质剖面图

No. 3　果园西南侧岔路口。

点性:综合点(构造、岩性和勘探工程)。

内容：不整合面上覆的硅质胶结砾岩（拉牌层）；不整合面下伏基岩中的断层构造；人工探槽工程。

要求：①观察不整合面上覆的硅质胶结砾岩（拉牌层）特征（磨圆度高，砾石层为硅质胶结，硬度高，耐风化）。②观察不整合面下伏基岩中的断层构造。通过断层面直接标志（镜面、擦痕、阶步、拖褶皱等）和特征，判断断层性质。③观察探槽及其展布特征，了解探槽设计和施工要求（垂直构造线设计布置；深度要穿过风化层到基岩；帮底编录和刻槽取样等）。

No.4　果园西侧上山拐弯岔路口。

点性：构造。

内容：叠加（重）褶皱；断层；切穿第四系断层。

要求：①继续观察地层的角度不整合关系。②观察古老变质岩中的叠加褶皱—翻卷褶皱形态特征（初看似乎为简单的背形向形，但追索标志层发现是叠加（重）褶皱—翻卷褶皱）。③观测切穿第四系的活动性断层并判断其性质（依据断层面倾向、岩性差异、次生拖褶皱—叠加褶皱等特征）。④把握褶皱和断层特征后作一幅素描图（见附图3-13）。

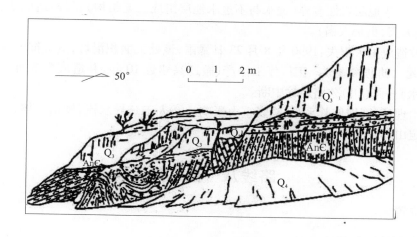

附图3-13　变质岩中的叠加褶皱素描图

No.5　果园西侧上山途中岔路口路下陡壁。

点性：综合点（岩性、构造）。

内容：前寒武纪（AnЄ）片岩、片麻岩、混合岩；花岗岩脉（东侧为文象花岗伟晶岩脉）；沿剪节理穿插的含石墨石英脉。

要求：观察文象花岗伟晶岩及文象结构特征，观察并鉴定含石墨石英脉中的石墨。

No.6　天水锻压机床厂后北山公路边。

点性：地貌。

内容：北山滑坡体。

要求：①站在公路边或有利地形，观察周边的地形地貌特点，辨认滑坡体及其边缘。②结合已观察的滑坡了解该地地层及岩性特点，掌握滑坡体的形态特征（见附图3-14）。

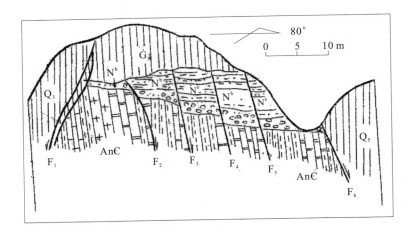

附图 3-14　天水北道渭河峡口西岸苗圃园后地质剖面图

滑坡形成主要原因：①地形陡峭。②人工开挖：天水锻压机床厂扩大厂区，把北山的坡脚挖悬空。③地层岩性差异（透水与不透水地层组成二元结构）；暴雨造成地表水的侵透等（既是天灾，更是人祸）。

该滑坡造成重大损失：1990 年 8 月 23 日暴雨，该处大面积滑坡，造成摧毁、掩埋 5 个车间、7 人死亡的悲惨事故。工厂停工停产、搬迁兴建近 10 年，并造成变电所损毁，供电中断，天（水）—张（川）公路运输中断。

滑坡治理：①削坡使其平缓，减轻重力影响。②人工疏导水流，硬结土体。③利用加固工程稳定山体坡脚等。

路线八　吕二沟

一、位置

天水市石马坪西部吕二沟。

二、路线

柴家山南小沟—吕二沟。

三、内容要求

观察土林（假石林）（见附图 3-15）、黄土柱、第三系的岩性及产状。

四、观察点

（1）位置：柴家山南面约 350 m 处的小沟中。

（2）内容：①我们所看到的土林，其组成物质为下第三系（E_1）浅橘红色含砾粗砂岩和砂岩层。呈厚层状，分选性差，成熟度低，胶结疏松，垂直节理发育。这样在干燥的地质、地理环境中,受季节性的雨水淋蚀冲刷,节理所在部位不断得到拓宽、加深,加之特殊的物质组成,就形成了土林地貌。单从旅游的角度来看,土林地貌是难得的地貌景观。但是,这样的地区水土流失是相当严重的,这样的地形又称作"劣地形",对工业、农业设施的建设和发展、水土保持等是极其不利的。②黄土柱的形成是由于黄土的垂直节理也很发育,在雨水淋蚀、冲刷作用及其自身的崩塌作用下形成了黄土柱。③根据下第三系(E_1)砂岩、砂砾岩的特征,分析判断其成因、物质搬运的距离,并说明为什么呈现韵律,进而推断该地沉积时所处的地理位置。每人作一幅土林素描图。另外,在路线上还可观察到流水搬运作用。

附图 3-15　假石林

路线九　石门山

一、位置

麦积区东南石门山。

二、路线

石门山,辽家河坝岩体。

三、内容

(1)认识辽家河坝花岗岩体(γ_5^{2-3})。

(2)观察辽家河坝花岗岩体西界与前寒武纪(AnЄ)地层的断层接触。

(3)观察花岗岩形成的山地地貌特征。

四、观察点

No.1　木其滩林业工区西南小溪边。

内容:辽家河坝岩体花岗岩(γ_5^{2-3});花岗岩体与前寒武纪(AnЄ)地层的断层接触。

　　要求:①详细观察花岗岩的颜色、成分、结构、构造等特征。②仔细观察和辨认花岗岩与前寒武纪(AnЄ)地层的断层接触关系,寻找和辨认断层存在的标志,根据地貌特征、岩石性质差异及相对位移等特征,判断该断层的性质、断层的产状等。③每人作一幅断层素描图(见附图3-16)。

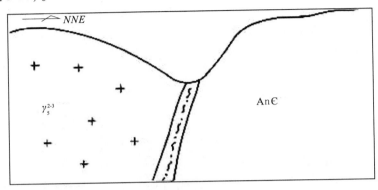

附图3-16　木其滩林业工区西南小溪边断层素描图

　　No. 2　石门山。

　　内容:观察花岗岩及花岗岩地貌。

附录四　地质观察点的记录内容和格式

一、观察路线、观察点的记录

观察路线一般用 L 开头编号,观察点一般用 D 开头,后加数字顺序编号,如 L01、L02,D01、D02 等。

在记录本上,左页素描,右页记录内容,当天首页页眉记录日期、天气、地点、所有观察点,记录完之后,进行路线小结。右页记录格式如下:

日期:2012 年 10 月 8 日　　　　星期一　　　天气:晴

地点:社棠镇东别川河

路线:L01

点号:D01

点位:星火厂后厂房围墙 60°方位,30 m 处

点性:岩性点/构造点

描述:该点基岩出露良好,岩性主要为含角砾凝灰岩等。

　　　　　　　空一行

点间描述:沿途所见地质现象,观察、描述。

　　　　　　　空一行

点号:D02

路线小结:在一条路线结束后或一天工作后,记录了多少点、多少距离和标本等信息。

二、各类观察点的记录内容提要

野外地质现象千变万化,内容及形象十分不同,有的宜用文字描述,有的宜用图件表示;有时在一个观察点上同时出现多种地质现象,因此观察点的记录内容必须随实际情况而定。

(1)岩性点:按下列顺序进行记录,在详细观察和鉴定的基础上,先给观察的对象一个全名,即颜色+构造+结构+组分+基本名称;再补充描述颜色及其变化情况;进一步描述结构特点、成分类型及大致含量、百分比,胶结物类成分及其胶结程度,层面构造、层理构造特征,化石、化石采集标本及其编号,岩层产状、标本及编号;另外,还应对特殊现象进行素描。

(2)断层点:上、下盘的岩石性质、地层系统、产状;岩石破碎情况及其破碎程度、宽度、固结程度等;断层现象,构造透镜体的形态、大小,镜面、擦痕;断层面的产状、断层点的地貌特征,断层的大小、规模,断层性质、发育过程、构造部位,断层素描图、定名。

(3)背斜(向斜)点:核部与两翼的地层组成及发育情况,各部位地层的代表性产状,背斜的完整程度、有无断层破坏,背斜在剖面上的形态特征,背斜的类型,绘背斜示意图。

（4）泉：泉口的地理位置、构造位置、地形位置，泉口的标高，泉口附近的地层、岩性及地质构造特征，泉的流动状态，泉水的物理性质，泉水的化学性质，泉水动态调查，泉水流量的测量或估算，泉的定名，泉的成因分析。

参 考 文 献

[1]诸明义,赵得思,等.天水地区地质认识实习指导书.核工业地质学校,1987.

[2]柳国斌,卢焕英,王敏龙.天水地区地质认识实习指导书(修订).核工业地质学校,1989.

[3]常青.地质认识实习指导书(重印).甘肃工业职业技术学院,2005.

[4]1:20万《天水幅》和《香泉幅》地质图及说明书.

[5]中国地质大学、兰州大学、西北大学、长安大学等院校地质认识实习指导书.